3D打印与
产品创新设计

3D Printing and
Product Innovation Design

主　编　郑月婵

副主编　徐立鹏　孙艳艳　张冬松

中国人民大学出版社
·北京·

图书在版编目（CIP）数据

3D打印与产品创新设计 / 郑月婵主编. —北京：中国人民大学出版社, 2019.3
ISBN 978-7-300-26336-6

Ⅰ.①3… Ⅱ.①郑… Ⅲ.①立体印刷 – 印刷术②产品设计 Ⅳ.①TS853②TB472

中国版本图书馆CIP数据核字（2018）第232149号

3D打印与产品创新设计

主　编　郑月婵

副主编　徐立鹏　孙艳艳　张冬松

3D Dayin yu Chanpin Chuangxin Sheji

出版发行	中国人民大学出版社			
社　　址	北京中关村大街31号		**邮政编码**	100080
电　　话	010-62511242（总编室）		010-62511770（质管部）	
	010-82501766（邮购部）		010-62514148（门市部）	
	010-62515195（发行公司）		010-62515275（盗版举报）	
网　　址	http://www.crup.com.cn			
经　　销	新华书店			
印　　刷	北京玺诚印务有限公司			
规　　格	185mm×260mm　16开本		**版　　次**	2019年3月第1版
印　　张	12.5　插页1		**印　　次**	2019年3月第1次印刷
字　　数	243 000		**定　　价**	65.00元

前　言

　　3D 打印技术是一种区别于传统制造工艺的先进制造技术，它可以将 3D 数字模型转变为真实的实物模型，因此可以帮助人类实现许多设想。由于 3D 打印个性化服务和数字化制造的技术特点非常契合我国发展先进制造业的目标和要求，而且它可以与物联网、云计算、机器人等实现融合发展，因此迅速成为高端装备制造行业的关键环节。

　　随着 3D 打印技术在我国的不断发展和普及，行业及应用领域对相关人才的需求也在急剧增长。3D 打印技术专业人才的匮乏也在一定程度上限制了 3D 打印产业的进一步发展。在此背景下，浙江农业商贸职业学院借教学改革之际，与浙江迅实科技有限公司紧密合作，进行了 3D 打印增材制造技术教材的开发，以满足全国职业院校培养专业 3D 打印技术人才的需求。

　　本书对 3D 打印技术的基础原理、行业应用、发展前景、就业岗位进行了介绍，为后期深入学习相关核心知识和技能打下了基础，并对未来可以从事的职业领域和岗位进行了介绍，以便学生提前为自己的职业发展做出合理的规划。

　　本书采用了模块化的编写方式，在编写过程中力求体现趣味性、易学性的特点，加入了丰富的案例和图片，结合职业院校学生的学习特点，每个模块都安排了模块导入、学习目标等学习环节，非常适合职业院校的学生进行探究式学习。本书共分为八个模块：模块一主要介绍 3D 打印技术的产生和发展、基础原理和发展状况；模块二剖析了目前主流的3D 打印技术，包括熔融沉积快速成型技术（FDM）、光固化成型技术（SLA）、数字光处理技术（DLP）、选择性激光烧结技术（SLS）、三维打印成型技术（3DP）、箔材叠层制造成型（LOM）和选择性激光熔化技术（SLM）；模块三介绍了目前主要的 3D 打印材料及性能；模块四介绍了 3D 打印技术目前在各个行业领域的应用；模块五通过生动案例展示了 3D 打印的具体操作流程；模块六讲解产品创新设计的步骤以及创新思维与方法；模块七通过学生课堂创新设计作品讲解 3D 打印技术与产品创新设计结合的课堂应用；模块八介绍了 3D 打印行业主要岗位及其职业能力要求。

本课程是浙江农业商贸职业学院教学方法改革试点课程。根据课程特点，本课程主要采用理实一体化教学模式、项目化教学贯穿始终的教学方法，训练学生将 3D 打印知识与专业技能融合运用，掌握产品设计的全过程，训练学生的综合实践能力，重在培养学生的创造思维、创造性方法以及创新、创意能力。

本书由课程主讲教师郑月婵担任主编，徐立鹏、孙艳艳、张冬松担任副主编。在教学方式上建议学校采用理实一体化教学模式，课程安排在第一学年下学期或者第二学年上学期，学时为 70 左右。

由于编者水平有限，书中难免存在不足之处，恳请读者批评指正。

编　者
2019 年 1 月

目 录

第一部分

3D打印快速成型

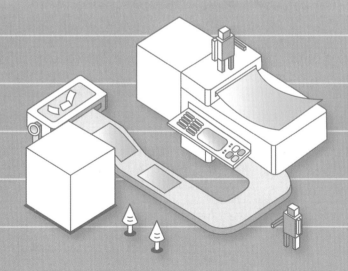

模块一　认识 3D 打印

模块二　主流 3D 打印技术

模块三　3D 打印材料

模块四　3D 打印的应用领域及范围

模块五　3D 打印流程

模块一　认识 3D 打印

模块导入

　　当前 3D 打印技术正逐渐进入人们生活的方方面面，未来人们将利用这项技术来直接打印出各式各样的生活用品，彻底改变人们的生活方式。或许同学们对这个专业及其未来的就业方向还不太了解，接下来将带领大家逐渐深入地了解 3D 打印，希望同学们能够在有限的时间里掌握相关的专业技能，塑造 3D 打印行业职业能力，具备一定的职业素养，并且确立自己的职业生涯规划，了解并热爱自己将要从事的 3D 打印职业。

学习目标

- ◆ 了解 3D 打印产生的背景
- ◆ 了解 3D 打印的发展状况
- ◆ 了解 3D 打印的原理
- ◆ 了解 3D 打印的优点及限制
- ◆ 培养对 3D 打印工作的兴趣，为今后的学习打下基础

1. 3D 打印概论

3D 打印工艺是以数字模型文件为基础，运用粉末状金属或塑料等可黏合材料，通过逐层打印的方式来构造物体的技术。数字模型文件的创建过程被称为三维建模，运用分层软件将设计的文件切成薄层（即切片），再将切片文件发送到 3D 打印机，由打印软件控制设备逐层堆叠成型，即 3D 打印。区别于传统 CNC 等机械制造工艺采用去除材料的加工方式（即减材制造），3D 打印采用逐层累加的技术，即增材制造。

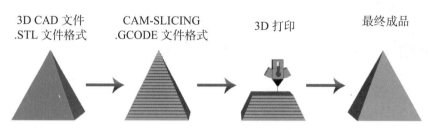

图 1-1　3D 打印工艺

3D 打印工艺因技术而异，从融化塑料成型的桌面 3D 打印机到利用激光选择性地高温熔化金属的大型工业级设备，打印原理不同，打印的材料也不同，当然打印时长也不同，长则几十个小时，短则几分钟。一般而言，3D 打印完成的零件都需要进行后处理操作，如打磨、抛光及上色等，这样我们才能得到一个最终完成的工件，可用于快速原型或最终产品制造。

不同的打印工艺使用的材料也不同，从普通的塑料到富有弹性、韧性的橡胶，从建筑的砂岩到工业的合金，另外还有用于 3D 打印食品的特制食材。目前，材料种类已经非常丰富，基本能满足市场的各种需求。随着技术的发展和市场的成熟，每年新材料也层出不穷。

2. 3D 打印简史

虽然 3D 打印技术在近几年才迅猛发展，得到广泛认可和应用，但它其实已经有 30 多年的发展历史了。

3D 打印思想起源于 20 世纪末的美国，世界上第一台 3D 打印机由查克·赫尔于 1983 年发明，这是一种被称为"立体光刻"的 3D 打印工艺，即 SLA。SLA 打印的零部件的公差一般小于 0.05 毫米，并且零件的表面光洁度是现有 3D 打印工艺中最高的，故工业级的 SLA 设备是目前工业应用中使用最广泛的设备。在此项 US4575330A 专利中（现已过期），立体光刻技术被定义为"通过连续打印紫外线固化材料的薄层制成固体物体的方法和设备"，该专利描述为仅用于可光固化液体打印。查克·赫尔于 1986 年成立了 3D System 公司（现今是全球最大的两家 3D 打印设备生产商之一），但他很快意识到他的技术不应该仅限于液体，于是将其打印材料定义为"任何能够固化的材料或能够改变其物理状态的材料"。为此，他建立了我们今天所知道的增材制造（AM）或 3D 打印的基础，因此他也被称为"3D 打印之父"。值得一提的是，现如今被广泛应用于 3D 打印的工业标准接口文件格式 STL 也是由查克·赫尔设计的。

图 1-2 查克·赫尔

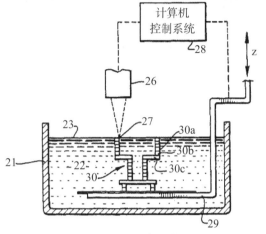

图 1-3 SLA 专利资料

1979 年，美国科学家豪斯霍尔德获得类似"快速成型"技术的专利，可惜没有被商业化。

20 世纪 80 年代，3D 打印已初具雏形，其学名为"快速成型"。20 世纪 80 年代中期，SLS 被在美国得克萨斯州大学奥斯汀分校的卡尔·德卡德博士开发出来并获得专利，项目由美国国防高级研究计划局（DARPA）赞助。之后，他与别人合伙成立了全球首家 SLS 激光烧结公司 Nova Automation。其关键技术于 2014 年专利过期。

图 1-4 卡尔·德卡德

1989 年，Stratasys 公司（全球另一家最大的 3D 打印设备生产商）联合创始人斯科特·克鲁普提交了熔融沉积成型（FDM）的专利，该专利保护期已于 2009 年届满。基于开放源代码 RepRap 模型的入门级 FDM 设备，已经成为今天使用数量最大的 3D 打印设备。

1991 年，Helisys 公司推出第一台叠层法快速成型（LOM）打印机。

1992 年，Stratasys 公司在成立 3 年后，推出了第一台基于 FDM 技术的 3D 工业级打印机。

1992 年，DTM 公司推出首台选择性激光烧结（SLS）打印机。

图 1-5　斯科特·克鲁普

图 1-6　RepRap 打印机 Prusa Mendel

1993 年麻省理工学院伊曼纽尔·萨克斯教授等人发明的 3DP（Three-Dimensional Printing）专利被授权，即三维打印技术，又称为喷墨黏粉式技术、黏合剂喷射成型，美国材料与试验协会增材制造技术委员会（ASTM F42）将 3DP 的学名定为 Binder Jetting（黏合喷射）。伊曼纽尔·萨克斯教授等人于 1989 年申请了 3DP 专利，该专利是非成形材料微滴喷射成形范畴的核心专利之一。

1995 年，麻省理工学院创造了"三维打印"一词，当时的毕业生吉姆和蒂姆修改了喷墨打印机方案，采用了将约束溶剂挤压成粉末状的方案，而不是将墨水挤压在纸张上。麻省理工学院将这项技术授权给由这两个学生创立的 Z Corporation 进行商业应用。Z Corporation 自 1997 年以来陆续推出了一系列 3DP 打印机，后来该公司被 3D Systems 公司收购，并最终开发出 ColorJet 系列打印机。

图 1-7　伊曼纽尔·萨克斯

图 1-8　3DP 原始机

2005 年，Z Corporation 推出世界上第一台彩色 3D 打印机 Spectrum Z510，标志着 3D 打印从单色开始迈向多色时代。

1998 年，Optomec 公司成功开发 LENS 激光烧结技术。

2003 年，EOS 开发 DMLS 激光烧结技术。

2008 年，第一款桌面级开源 3D 打印机 RepRap 发布，其目的是开发一种能自我复制的 3D 打印机。桌面级开源 3D 打印机为轰轰烈烈的 3D 打印普及化浪潮揭开了序幕。随着越来越多的制造商的追随，3D 打印机价格从原本的 20 万美元降至低于 2 000 美元，消费者 3D 打印市场在 2009 年起飞。

图 1-9 第一台彩色 3D 打印机 Spectrum Z510　图 1-10 MakerBot 公司 FDM 3D 打印机 Replicator+

2008 年，Objet Geometries 公司推出革命性的 Connex500 快速成型系统，它是有史以来第一台能够同时使用几种不同的打印原料的 3D 打印机。

2010 年 12 月，Organovo 公司——一家注重生物打印技术的再生医学研究公司，公开了利用生物打印技术打印的第一个完整血管的数据资源。

图 1-11 多材料 3D 打印机 Connex500　图 1-12 Organovo 公司的生物 3D 打印机

2011 年 7 月，英国研究人员开发出世界上第一台 3D 巧克力打印机。

2012 年 10 月，来自麻省理工学院的团队成立了 Formlabs 公司，并发布了世界上第一台廉价且高精度的 SLA 个人 3D 打印机 Form 1。中国的创客也由此开始研发基于 SLA 技术的个人 3D 打印机。

2013 年，美国的两位创客（父子俩）开发出基于液体金属喷射打印（LMJP）工艺的消费级金属 3D 打印机，其价格低于 10 000 美元。同年，美国的另外一个创客团队开发了一款名为 Mini MetalMaker（小型金属制作者）的桌面级金属 3D 打印机，主要打印一些小型的金属制品，如珠宝、金属链、装饰品、小型金属零件等，售价仅为 1 000 美元。

2014 年 7 月，美国南达科他州一家名为 Flexible Robotic Environments（FRE）的公司

公布了最新开发的全功能制造设备 VDK6000，兼具金属 3D 打印（增材制造）、车床（减材制造，包括：铣削、激光扫描、超声波检具、等离子焊接、研磨 / 抛光 / 钻孔）及 3D 扫描功能。

2015 年 3 月，美国 Carbon 3D 公司发布了一种新的光固化技术——连续液态界面制造（Continuous Liquid Interface Production，CLIP）：利用氧气和光连续地从树脂材料中逐出模型。该技术要比当前任意一种 3D 打印技术快 25 ～ 100 倍。

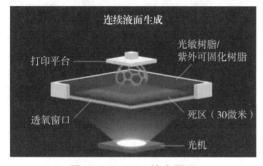

图 1-13　CLIP 技术原理

图 1-14　CLIP 3D 打印机

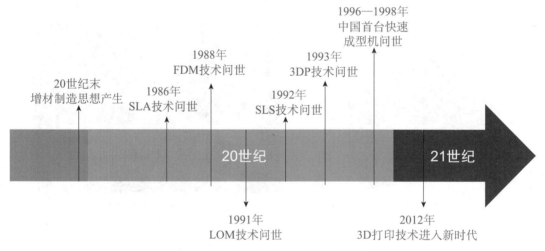

图 1-15　3D 打印技术发展史时间轴

3. 3D 打印的优缺点

3D 打印技术是制造业领域高速发展的新兴技术，具有很多优点；也存在一些缺点，落后于传统的制造工艺。我们应该充分认识 3D 打印技术的优缺点，扬长避短，以更好地应用这项技术。

3.1　优点

（1）制造复杂的物品

一方面，3D 打印可制造传统工艺无法生产的复杂物品。某些零件具有复杂的形状和特殊的功能要求，并不能通过传统制造工艺获得，而 3D 打印技术的出现打破了这种局面，弥补了传统制造工艺的不足。另一方面，对传统制造工艺而言，物品形状越复杂，制造成本就越高；而对 3D 打印来说，物品形状的复杂程度并不会使生产成本增加，这也就打破了制造复杂物品会增加成本的传统定价模式。

（2）产品个性化定制

应用 3D 打印技术，任何人都可以制造想要的产品。传统的加工以批量生产方式来降低成本，使得消费者可以买到便宜的产品，但同时也缺失了产品的多样性；反过来说，制造少量不同的产品意味着成本的上升，这样不利于产品的销售。一台 3D 打印机可以打印出不同形状的模型，就如同工匠可以制造不同形状的物品。制造不同的产品时，我们只需要更改数字方式的设计，无需额外的工具或复杂的制造工艺，3D 打印使得每个项目都可以实现个性化定制，以满足不同用户的需求。

（3）降低生产成本

首先，节省材料成本，3D 打印是一种增材制造技术，不产生额外的浪费。其次，节省工艺成本，传统制造工艺下，每次新产品的制造，在使用金属铸造或塑料注射成型时都需要一个新的模具，另外，装配时还需要额外的夹具，这些都增加了制造新产品的成本，而 3D 打印则不需要这些工具。再次，节省人工成本，由于 3D 打印能使产品一体化成型，无须装配，摒弃了生产线，因此 3D 打印启动后可无人值守。最后，降低仓储成本，通过 3D 打印，只有销售的产品才需要生产，因此库存过剩明显减少。

（4）快速制造、降低风险

由于 3D 技术可以立即制造产品，产品可以更快地从设计转变为实际的原型，大大缩短了产品的研发周期。3D 打印可以按需打印，不需要额外的生产工具及设备，对于想研发新品进行市场测试、小批量生产运行的设计师或者前期缺少资金的创业者而言（如通过Kickstarter 众筹网站启动产品的创业者），在这个阶段，使用 3D 打印使设计更容易实现，制造多个不同产品也不会增加成本。在投资昂贵的成型工具之前，通过 3D 打印验证测试原型，然后更改设计，对于那些正在创新的人来说，3D 打印提供了一条降低风险的途径。

（5）减少浪费

许多传统的制造工艺都是减材制造：从一块坯料开始，切割、加工、磨削，最终制造成想要的产品。对于众多产品（如飞机支架）来说，在此过程中会浪费 90% 的原材料。

而使用 3D 打印是一个增材制造的过程，是逐层累加进行制造的工艺，原材料并不会被浪费。此外，3D 打印的原材料大部分是可以循环利用的，是一种可持续发展的方式。

3.2 缺点

（1）大批量生产成本高

虽然 3D 打印有诸多优势，但仍然最适合生产较小批量的产品。当涉及较大规模时，3D 打印技术尚不具备竞争力，传统制造工艺效率更高，价格更低。随着 3D 打印设备和原材料价格的不断下降，增材制造有效生产的范围有望进一步扩展。

（2）材料限制

材料限制主要体现在：较少的材料选择，成型后材料机械性能（强度、耐度等）不及传统制造工艺。

3D 打印技术的局限和瓶颈主要体现在材料上。目前，打印材料主要是塑料、树脂、石膏、陶瓷、砂和金属等，能用于 3D 打印的材料非常有限。尽管已经开发了诸多应用于 3D 打印的优质材料，但是开发新材料的需求仍然存在，一些新的材料正在开发中。这种需求包含两个层面：一是需要对已经得到应用的材料—工艺—结构—特性关系进行深入研究，以明确其优点和限制；二是需要开发新的测试工艺和方法，以扩展可用材料的范围。

有限的强度和耐度。在一些 3D 打印技术中，由于逐层制作工艺，部件强度不均匀，因此，3D 打印的零件通常比采用传统制造工艺的零件强度更弱。此外，再现性也需要改进。在不同设备上制作的零件可能具有性质变化，相信随着新的连续 3D 打印流程（如 Carbon 3D）的技术改进，这些限制在不久的将来可能会消失。

（3）产品精度较低

虽然 3D 打印技术能以 20 微米～ 100 微米的精度打印模型，但与传统模具制造的产品打印成型零件的精度（包括尺寸精度、形状精度和表面粗糙度）无法相比，如 iPhone 手机所控制的公差精度。3D 打印为制作具有很小公差及设计细节的用户，提供了一个很好的方法。但对于具有更多工作部件和更加细微的产品来说，很难与某些传统制造工艺的高精度相竞争，如 iPhone 手机上的静音开关。

4. 3D 打印的发展趋势

20 世纪 80 年代后期，3D 打印的诞生开启了增材制造新时代。3D 打印作为一种先进制造技术，是"工业 4.0"时代实现"智能生产"和"智能工厂"的方式，英国《经济学人》杂志认为它将与其他数字化生产模式一起推动实现新的工业革命，美国《时代周刊》杂志则将 3D 打印产业列为"美国十大增长最快的产业"。目前，3D 打印处于高速发展期，世界各国纷纷将其作为未来产业发展新的增长点加以培育。

图 1-16　3D 打印发展趋势

当今世界上，美国、德国占据了 3D 打印市场的主导，我国于 2011 年后加快了推进 3D 打印技术研发和产业化，3D 打印行业进入高速发展期。预计到 2019 年，中国打印机销售额将增长至 38 000 台，收入增长至 1 亿美元。未来，中国在 3D 打印市场很有可能超越德美，处于领导地位。

（1）趋势一：工业级 3D 打印机将成为 3D 打印市场规模发展的主力军

近几年，桌面 3D 打印机由于其低廉的售价及成熟的技术，受到越来越多用户的欢迎，销量呈现大幅增长，而工业级 3D 打印机则略显惨淡。据全球大数据预测公司 CONTEXT 的报告，2015 年全球桌面 3D 打印机销量增长了 33%，工业级 3D 打印机则下降了 9%；2016 年上半年全球桌面 3D 打印机同比增长 15%，工业级 3D 打印机却减少 15%。

但经过多年的发展，桌面级市场竞争已近"白热化"，加之利润小、精度低、实用性不佳，天花板效应明显。而工业级市场契合了智能制造的理念，可广泛运用于汽车、航空航天、机械工业、医疗等市场需求大、发展潜力大的领域，随着技术的逐渐成熟和成本的不断降低，将会爆发出难以想象的巨大能量。

目前，虽然消费级 3D 打印设备的出货量远远高于工业级设备，但工业级设备占整个市场的销售收入则远远高于消费级设备。在全球 3D 打印下游行业应用中，工业级 3D 打印的应用规模远远超过消费级 3D 打印，汽车行业应用规模最大，消费产品行业次之；再加上工业级设备关键专利解禁及其高附加值，工业级设备正逐渐独占鳌头。2015 年底，全球 3D 打印巨头 3D Systems 公司宣布停产消费级桌面 3D 打印机，转向利润更高的专业级和工业级市场。

（2）趋势二：金属 3D 打印领域发展迅速

金属 3D 打印被称为"3D 打印王冠上的明珠"，是门槛最高、前景最好、最前沿的技术之一。3D 打印产业中发展最为迅速的是金属 3D 打印。CONTEXT 发布的数据显示，2015 年全球金属 3D 打印机销量增长了 35%，2016 年上半年同比增长 17%，可以说是工业级 3D 打印领域逆势上涨的一朵奇葩。

在汽车制造、航空航天等高精尖领域，有些零部件形状复杂、价格昂贵，传统铸造锻造工艺生产不出来或损耗较大，而金属 3D 打印则能快速制造出满足要求、重量较轻的产品。2015 年 11 月，奥迪公司使用金属 3D 打印技术，按照 1:2 的比例制造出了 Auto Union（奥迪前身）在 1936 年推出的 C 版赛车的所有金属部件；2016 年 10 月，通用电气公司斥资 6 亿美元买下德国金属 3D 打印公司 Concept Laser，加快布局 3D 打印航空发动机零部件业务。此外，医疗器械、核电、造船等领域对金属 3D 打印的需求也十分旺盛，应用端市场正逐渐打开。

（3）趋势三：3D 打印产业化还需时日，"增""减"制造长期共存

3D 打印采用增材制造技术，是对以"减材制造""等材制造"为基础的传统制造业的创新与挑战，但并不是非此即彼的关系，而是并存互补的关系。

从历史来看，传统制造业经过了几千年的积累和发展，技术、工艺、材料等已经非常成熟，而 3D 打印则是一个新生事物，只有 30 多年的发展历程，在速度、精度、强度等方面还有诸多限制。从现状来看，当前 3D 打印市场份额十分有限，专业咨询机构 Wohlers Associates 发布的数据显示，2015 年全球 3D 打印市场规模为 51.65 亿美元，至 2020 年将达到 212 亿美元，而这与数十万亿美元的制造业市场相比，还微乎其微。

与传统制造业相比，3D 打印研发周期更短、用料更省，在小批量、个性化定制等方面优势明显，但在大规模生产方面存在许多不足之处。增材制造虽然不能完全替代减材制造、等材制造，但作为传统制造技术的有益补充，3D 打印将极大地推动制造业的转型升级。

（4）趋势四：产品生产方式加速变革，"整""分"制造携手共进

3D 打印是工业 4.0 时代最具发展前景的先进制造技术之一，它从两个方面改变了产品的生产方式。

一方面，传统制造业以"全球采购、分工协作"为主要特征，产品的不同部件往往在不同的地方生产，再运到同一地方组装。而 3D 打印则是"整体制造、一次成型"，省去了物流环节，节约了时间和成本。

另一方面，传统制造业以生产线为核心、以工厂为主要载体，生产设备高度集中。而 3D 打印则体现了以大数据、云计算、物联网、移动互联网为代表的新一代信息技术与制造业的融合，生产设备分散在各地，实现了分布式制造，从而省去了仓储环节。"整体制造"和"分布式制造"在字义上看似矛盾，在 3D 打印技术上则实现了统一，前者强调生

产过程，后者强调生产行为，共同推动着产品生产方式的变革。

（5）趋势五：成型尺寸向两边延伸，大小产品颠覆想象

随着 3D 打印应用领域的扩展，产品成型尺寸正走向两个极端。

一方面往"大"处跨，从小饰品、鞋子、家具到建筑，尺寸不断被刷新，特别是汽车制造、航空航天等领域对大尺寸精密构件的需求较大，如 2016 年珠海航展上西安铂力特公司展示的一款 3D 打印航空发动机中空叶片，总高度达 933 mm。

另一方面向"小"处走，可达到微米、纳米级别，在强度、硬度不变的情况下，大大减轻产品的体积和重量，如哈佛大学和伊利诺伊大学的研究员 3D 打印出比沙粒还小的纳米级锂电池，其能够提供的能量却不亚于一块普通的手机锂电池。

未来，3D 打印的成型尺寸将不断延伸，从大得不可思议到小得瞠目结舌，"只有想不到的，没有做不到的"。

（6）趋势六：材料瓶颈待攻克，"质""量"趋升"价"趋降

"巧妇难为无米之炊"。3D 打印材料是 3D 打印技术发展不可或缺的物质基础，也是当前制约 3D 打印产业化的关键因素。近年来，随着 3D 打印需求的增加，3D 打印材料种类得到了迅速拓展，主要包括高分子材料、金属材料、无机非金属材料三大类。但与传统材料相比，3D 打印材料种类依然偏少。以金属 3D 打印为例，可用材料仅有不锈钢、钛合金、铝合金等为数不多的几种。

另外，3D 打印对材料的形态也有着严格的要求，一般为粉末状、丝状、液体状等，相比普通材料价格比较昂贵，根本无法满足个人与工业化生产的需要。足够多"买得起"的材料才能为技术的发展提供足够多的选择空间、为应用的扩展提供足够多的想象空间。

未来，3D 打印材料将成为研究开发的焦点、资本涌入的风口，材料种类、形态将得到进一步拓展，价格下降可期，精度、强度、稳定性、安全性也更加有保障。

（7）趋势七：手术可演练、治疗更精准

3D 打印的"个性化定制"与医疗行业的"对症下药"有着天然的契合性，二者的结合主要体现在四个方面。

一是术前演练，利用 3D 打印技术还原出病患部位模型，让医生更直观地了解病理结构，提高手术的成功率。

二是 3D 打印医疗器械，包括助听器、护具、假肢等外部设备以及关节、软骨、支架等内置物。

三是"量身"制药，根据患者的生理特点、具体需要调配药物，提高药物的有效性。

四是生物打印，用人造血管、心脏、神经、皮肤等来修复、替代和重建病损组织和器官。

尽管 3D 打印在医疗领域的应用还面临着材料、成本、精度、标准等因素的制约，市场规模也较小，但考虑到医疗领域巨大的需求潜力与极小的需求弹性，3D 打印在医疗领域的应用将不断扩展，在实施更为精准的诊疗方案、提供更为充足的移植器官等方面大显身手。

（8）趋势八：牵手云制造，有商业影响力的平台不断涌现

全球已经进入高度信息化的时代，互联网作为信息化的重要工具正在重新定义各行各业。3D 打印设备尚未普及，技术应用难度不小，没有设备、没有技术的普通人该怎样实现自己的设计想法呢？

成立于 2008 年的 Shapeways 公司搭建了一个基于互联网的 3D 打印平台，担当起服务供应商和需求用户之间的"红娘"，解决了用户的这个"痛点"。如今，MakeXYZ、3DLT、3D Hubs、先临三维、光韵达、意造网、魔猴网等也做着类似的事情，南京壹千零壹号自动化科技公司的"1001 号云制造平台"还入选 2016 年中国"互联网+"工业应用领域十大新锐案例之首。"互联网+3D 打印"开拓了一种全新的商业模式——"云打印"，并将共享经济的思维引进来，闲置的 3D 打印机得到了有效使用，用户也能选择称心如意的设备和供应商。

（9）趋势九：混合打印创造更多可能，功能材质色彩也混搭

随着 3D 打印技术的发展，人们对 3D 打印机的期望越来越高，早已不满足于单一功能、单一材质、单一色彩的 3D 打印机。

未来，3D 打印机可实现 3D 打印技术与传统数控机床技术（或不同 3D 打印技术）的自由切换，实用性将变得更强；3D 打印机的"口粮"更加丰富，金属、塑料、橡胶等多种材料（或不同属性的材料）的混合使用，将加工出结构更为复杂的产品，打印出的产品也会五彩缤纷。

例如：日本研发出的一款五轴混合 3D 打印机（由 3D 打印机与数控铣床混合而成），能够在现有工业级 5 轴控制技术的基础上连续进行挤出式 3D 打印和铣削作业；麻省理工学院研发的 MultiFab 3D 打印机能同时处理包括晶状体、纺织物、光纤等 10 种材料；加拿大的 ORD Solutions 公司推出的一款 3D 打印机，可以使用 5 种不同颜色的线材打印出多彩产品。

（10）趋势十：我国 3D 打印起步早发展慢，产学研协同是突破口

在 3D Systems、Stratasys、先临三维等行业巨头纷纷跑马圈地之时，哈佛大学威斯研究所、美国劳伦斯·利弗莫尔国家实验室（LLNL）、卡内基梅隆大学亚当·范伯格研究团队等科研机构凭借其雄厚的研发实力也不断实现技术突破。

我国 3D 打印的研究起步于 20 世纪 90 年代，发端于高校，如今已形成清华大学颜永

年团队、北京航空航天大学王华明团队、西安交通大学卢秉恒团队、华中科技大学史玉升团队和西北工业大学黄卫东团队等骨干科研力量,论文和申请专利的数量处于世界第二位。2016 年 10 月成立了中国增材制造产业联盟,国家增材制造创新中心建设方案也通过了专家论证。

随着我国科技体制机制改革的不断推进,走产学研协同之路,形成长效合作机制,成为我国推进 3D 打印产业化的现实选择。

模块二 主流 3D 打印技术

模块导入

快速原型制造技术（Rapid Prototype Manufacturing，RPM）是综合利用 CAD 技术、数控技术、材料科学、机械工程、电子技术及激光技术的技术集成，以实现从零件设计到三维实体原型制造一体化的系统技术。它是一种基于离散堆积成型思想的新兴成型技术，是由 CAD 模型直接驱动的快速完成任意复杂形状三维实体零件制造的技术的总称。

本模块将介绍几种主流的 3D 打印技术。

学习目标

- ◆ 了解熔融沉积快速成型技术（FDM）的原理及应用
- ◆ 了解光固化成型技术 & 数字光处理技术（SLA & DLP）的原理及应用
- ◆ 了解选择性激光烧结技术（SLS）的原理及应用
- ◆ 了解三维打印成型技术（3DP）的原理及应用
- ◆ 了解箔材叠层制造成型技术（LOM）的原理及应用
- ◆ 了解选择性激光熔化技术（SLM）的原理及应用

1. 熔融沉积快速成型技术（FDM）

1.1 FDM 技术简介

熔融沉积快速成型（Fused Deposition Modeling，FDM）技术通俗来讲，就是利用高温将材料融化成液态，通过打印头挤出后固化，最后在立体空间上排列形成立体实物。

FDM 的工作原理是加热头将热熔性材料（ABS 树脂、尼龙、蜡等）加热到临界状态，呈现半流体性质，在计算机控制下，沿 CAD 确定的二维几何信息运动轨迹，喷头将半流动状态的材料挤压出来，凝固形成轮廓形状的薄层。当一层完毕后，通过垂直升降系统降下新形成层，进行固化。这样层层堆积黏结，自下而上形成一个零件的三维实体。

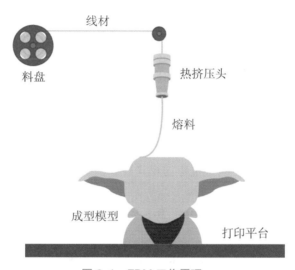

图 2-1 FDM 工作原理

1.2 FDM 起源及发展

这项 3D 打印技术由美国学者斯科特·克鲁普于 1988 年研制成功，次年他成立了 Stratasys 公司。1992 年，第一台基于熔融沉积成型技术的 3D 打印产品出售。FDM 成型技术于 1989 年被 Stratasys 公司注册专利，不过该专利已在 2009 年到期。由于其他公司无须再支付高昂的专利使用费，最终拉低了 3D 打印机价格，FDM 打印机的价格从过去的 10 000 美元下降到不足 1 000 美元。此外，得益于 RepRap 开源项目的迅速推动，技术日渐成熟，市场迎来了开源 FDM 3D 打印机的爆发，随后涌现出 MakerBot 和 Ultimaker 这些打印机，为 3D 打印走向大众化铺平了道路。现在 300 美元就可以买到 FDM 打印机，其已成为使用最为普遍的 3D 打印机。

图 2-2　FDM 3D 打印机

1.3　FDM 与 RepRap 开源项目

RepRap 开源运动充分体现了开源项目的核心精神：自由、分享、互惠，从软件到硬件各种资料都是免费和开源的，这意味任何人无论出于任何目的都能够自由地改进和制造 RepRap。RepRap 降低了 FDM 设备的生产成本，从而促使 FDM 3D 打印设备成为市场上应用数量最多的打印机。

RepRap 项目和在线社区是由英国巴斯大学的机械工程高级讲师阿德里安·鲍耶尔博士于 2005 年创建的。RepRap 项目希望通过"自我复制打印"让越来越多的人拥有 3D 打印机，RepRap 打印机可打印出自身的大部分零部件，从而可以以极低的成本再组装一台。

RepRap 项目包含诸多领域的知识：软件、电子、固件、机械、化学及其他范畴。目前为止，RepRap 项目已经发布了 4 个版本的 3D 打印机：2007 年 3 月发布的"达尔文"（Darwin），2009 年 10 月发布的"孟德尔"（Mendel），2010 年发布的"普鲁斯·孟德尔"（Prusa Mendel）和"赫胥黎"（Huxley）。开发者采用了著名生物学家们的名字来命名，是因为"RepRap 就是复制和进化"。

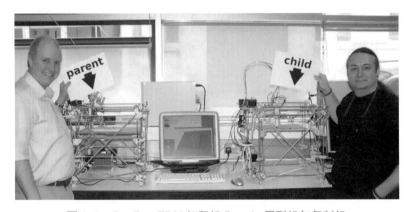

图 2-3　RepRap FDM 打印机 Darwin 原型机与复制机

1.4　FDM 打印工艺流程

FDM 打印工艺流程为：FDM 切片软件自动将 3D 数模（由 Solidworks 或 UG、Pro/E 等三维设计软件得到）分层，自动生成每层的模型成型路径和必要的支撑路径。材料的供给分为模型材料和支撑材料，相应的热头也分为模型材料喷头和支撑材料喷头（消费级设备一般为单喷头）。热头会将 ABS 材料加热至 220℃成熔融状态喷出，成型室（热床）保持 70℃，

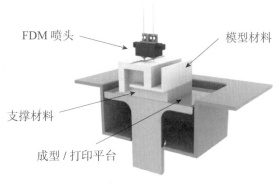

图 2-4　FDM 双喷头结构

该温度下熔融的 ABS 材料既可以有一定的流动性又能保证很好的精度。一层成型完成后，机器工作台下降一个高度（即分层厚度）再成型下一层。如此直到工件完成。

具体流程如下：

（1）建立成型件的三维 CAD 模型

三维 CAD 模型数据是对成型件真实信息的虚拟描述，也是 3D 打印系统的输入信息。在 3D 打印之前要先使用计算机软件设计好成型件的三维 CAD 模型。三维模型的创建可以通过 Solidworks、Pro/E、UG 等 CAD 软件来完成，这些软件都具有很好的通用性，零件格式可以相互转化。

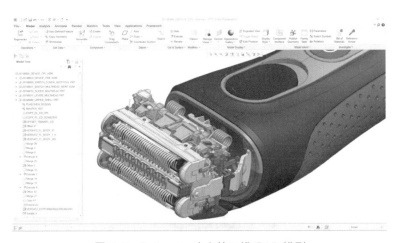

图 2-5　Soliworks 建立的三维 CAD 模型

（2）三维 CAD 模型的近似处理

由于要成型的零件通常都具有比较复杂的曲面，为了便于后续的数据处理和减少计算量，首先要对三维 CAD 模型进行近似处理。一般而言，采用 STL 格式文件对模型进行近似

描述，STL 格式文件是通过很多的小三角形平面来代替原来的面，相当于将原来的所有面进行量化处理，尔后用三角形的法向量以及它的三个顶点坐标对每个三角形进行唯一标识，这样就可以通过控制和选择小三角形的尺寸来满足精度要求。由于生成 STL 格式文件方便、快捷，且数据存储方便，目前这种文件格式已经在 3D 打印成型制造过程中得到了广泛的应用。通常，计算机辅助设计软件均具有输出和转换这种格式文件的功能，这也加快了该数据格式的应用和普及。

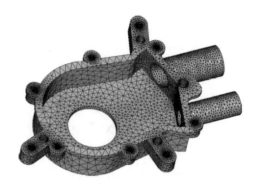

图 2-6　三维模型的 STL 文件转换

图 2-7　数据模型的切片

（3）三维 CAD 模型数据的切片处理

3D 打印实际是根据每一层的轮廓进行加工的，然后工作台或打印头发生相应的位置调整，进而实现层层堆积。因此，想要得到打印头的每层行走轨迹，首先要获得每层的数据，对近似处理后的模型进行切片处理，从而提取出每层的截面信息并生成数据文件，再将数据文件导入快速成型机中。切片时切片的层厚越小，成型件的质量越高，但加工效率越低；反之，成型件的质量越低，加工效率越高。

（4）实际加工成型

在打印软件的控制下，打印头根据数据文件所获得的每层数据信息逐层打印，一层一层地堆积，最终完成整个成型件的加工。

图 2-8　3D 打印实际加工成型

（5）成型件的后处理

从打印机中取出的成型件，还要进行去支撑、打磨、抛光、胶合、上色等处理，以进一步提高打印的成型件质量。

图 2-9 FDM 成型件打磨

图 2-10 FDM 成型件胶合

图 2-11 FDM 成型件上色

1.5 FDM 打印机分类

FDM 打印机按打印精度（或价格）可分为桌面级（消费级）、工业级；按传动方式可分为 XYZ 型（坐标式）、Delta 型（并联式）和 CoreXY 型。

（1）按打印精度（价格）分

桌面级 FDM 3D 打印机体积小巧，可以放在办公桌面上打印立体实物，它是使用熔融沉积技术的小型 3D 打印机。此类设备价格便宜、耗材丰富、操作简单，属于大众消费级产品，但其缺点是打印精度相对较低。因此，它非常适合教育教学、家用 DIY 等小型模型制作场合，是目前使用最广泛的 3D 打印机。桌面级 FDM 打印机大部分采用单喷头，一般不配备恒温附件（热床），其 3D 打印的模型精度通常为 0.2 mm ～ 0.3 mm，少数机型支持 0.1 mm 层厚。

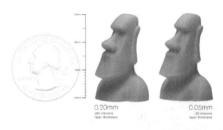

图 2-12　0.2 mm 与 0.05 mm 层厚打印的模型表面光滑度对比

工业级 FDM 打印机一般往高精度、高温、大尺寸方向发展。高精度工业级 FDM 3D 打印机以 Stratasys 公司的设备为代表，打印精度可达 50 微米的 Z 轴精度，打印模型表面细腻、细节明显，但价格较高。大型工业级 FDM 3D 打印机普遍采用 CoreXY 型结构，打印尺寸可达 1 m³ 以上，能满足工业应用中大尺寸工件的打印需求。高温工业级打印机打印温度可超过 390℃ 以上，能打印多种高性能的聚合物材料，包括聚醚醚酮（PEEK）、聚偏氟乙烯（PVDF）、共聚甲醛（POM-C）和聚醚酰亚胺（PEI）等。

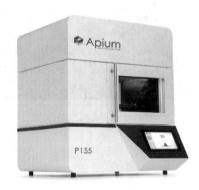

图 2-13　德国 Apium 公司的高温 FDM 3D 打印机（P155）

（2）按传动方式分

坐标式 FDM 打印机是指使用笛卡儿坐标系工作的 FDM 打印机，著名的机型有 I3、MB（Maketbot）和 UM（Ultimaker），其特点是有龙门架结构、框架稳定、平台运行稳定性好、打印精度得到保证，是目前市面上 FDM 打印机最为普遍的结构，但由于挤出头设计的问题导致无法快速散热，散热效率不高，因此比较容易出现堵头问题。而并联式 FDM 打印机由于较少的配件，价格比坐标式价格要便宜不少，再加上较大的打印面积，十分受到消费者的欢迎。当然，它最大的缺点就是调平困难，稳定性相比坐标式也差一些。

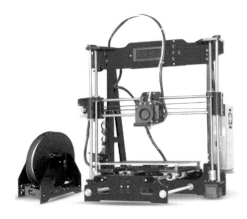

图 2-14　坐标式 FDM 打印机

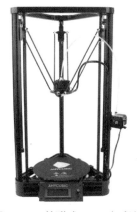

图 2-15　并联式 FDM 打印机

CoreXY 结构是由 Hbot 结构改进而来的，继承了 Hbot 结构的各种优点，也是目前 FDM 打印机使用最多的结构。在此结构中，两个传送皮带表面看上去是相交的，其实是在两个平面上，一个上一个下；而在 X、Y 方向移动的滑架上因为安装了两个步进马达，使得滑架的移动更加精确而稳定。

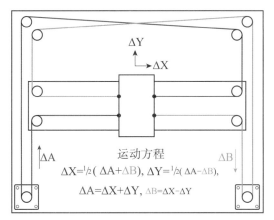

图 2-16　CoreXY 传动示意图

ΔY
ΔX
ΔA
ΔB

运动方程
$\Delta X=\frac{1}{2}(\Delta A+\Delta B)$, $\Delta Y=\frac{1}{2}(\Delta A-\Delta B)$,
$\Delta A=\Delta X+\Delta Y$, $\Delta B=\Delta X-\Delta Y$

图 2-17　CoreXY 结构实物图

相比于 XYZ 结构，CoreXY 结构更为紧凑，在同样体积的情况下，可实现相对较大的打印尺寸，打印面积占比更高；CoreXY 结构下，XY 平面内运动的两个电机都是固定的，这样就降低了运动部件的重量，进而降低了运动部件的惯性，增加了打印设备的稳定性；采用了 XY 联动结构（除了 Z 轴以外，X、Y 轴都是两个步进电机协调配合进行传动），相当于驱动力倍增，运动也更加敏捷，传动效率更高，设计出的 3D 打印机更加低功耗。

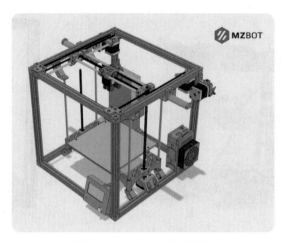

图 2-18　CoreXY 打印机

FDM 打印机的发展越来越智能化及多样化，出现了实时监控、质量检测、自动化上下料、远程控制、丝料检测、空气过滤、彩色打印等新功能；甚至衍生出不少的智能配套设备，如模型抛光机、丝料回收挤出机、多彩打印的外置混料机等，消费者可以根据自己的需要搭配不同的配套设备。

基于 FDM 打印技术的深入开发，也诞生了一些新的 3D 打印设备，如陶泥 3D 打印机、食品 3D 打印机及建筑 3D 打印机等，此类设备的关键技术突破在于喷头结构的改进及材料特性的研究。

1.6　FDM 技术的优势

在 3D 打印技术中，FDM 的机械结构最简单，设计最容易，制造成本、维护成本和材料成本也最低，更容易被消费级市场接受。

（1）低成本

熔融沉积成型技术用热融挤压头代替激光器，配件费用低；热融挤压头系统构造原理和操作简单，维护成本低，系统运行安全；另外，打印耗材的利用效率高且价格便宜。

（2）安全

制造系统可用于办公环境，无毒气或化学物质的危险。

（3）快速

FDM 可快速构建复杂的内腔、中空零件以及一次成型的装配结构件等任意复杂程度的成型零件。

（4）材料选择范围广

1）原材料在成型过程中无化学变化，制件的翘曲变形小，材料强度、韧性优良，可以装配进行功能测试。

2）材料选择性强，材料种类多，色彩丰富，工程塑料有 ABS、PC、PPS、碳纤维等，医用材料有 PEEK 等。

3）用蜡成型的原型零件可以直接用于熔模铸造。

4）采用水溶性支撑材料，使得去除支架结构简单易行。

5）原材料以卷轴丝的形式提供，易于搬运和快速更换。与其他使用粉末和液态材料的工艺相比，塑材、卷材更易清洁、保存，不会在设备中或附近形成粉末或液态污染。

1.7 FDM 技术的限制

大部分 FDM 机型制作的产品边缘都有分层沉积产生的"台阶效应"，较难达到所见即所得的 3D 打印效果，所以在对精度要求较高的快速成型领域较少采用 FDM。

1）原型的表面有较明显的条纹，较粗糙，不适合高精度精细小零件的应用。

2）与截面垂直的方向强度小，沿成型轴垂直方向的强度比较弱。

3）需要设计和制作支撑结构。

4）成型速度相对较慢，不适合构建大型零件。需要对整个截面进行扫描涂覆，成型时间较长。

5）喷头容易发生堵塞，不便维护。

1.8 FDM 应用案例

图 2-19 3D 打印汽车 Strati

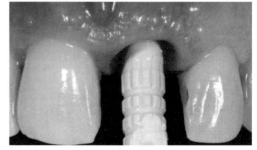

图 2-20 3D 打印 PEEK 材料的种植体

2. 光固化成型技术 & 数字光处理技术（SLA & DLP）

2.1 SLA 技术简介

光固化成型（Stereo Lithography Appearance，SLA）是指利用紫外光照射液态光敏树脂发生聚合反应，来逐层固化并生成三维实体的成型方式。SLA 制造的工件精度高，表面光洁度高，也是商业化最早的 3D 打印技术。

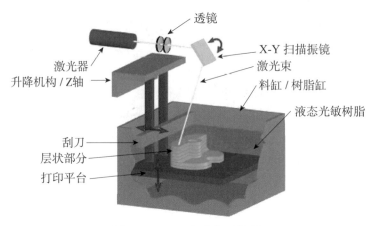

图 2-21　SLA 打印机结构图

2.2　SLA 工艺流程

SLA 成型工艺一般可分为前处理、原型制作和后处理三个阶段。

第一，通过 CAD 设计出三维实体模型，利用离散程序将模型进行切片处理，设计扫描路径，产生的数据将精确控制激光扫描器和升降台的运动。

第二，激光束通过数控装置控制的扫描器，按设计的扫描路径照射到液态光敏树脂表面，使表面特定区域内的一层树脂固化后，当一层加工完毕后，就生成零件的一个截面。

第三，升降台下降一定高度，固化层上覆盖另一层液态树脂，再进行第二层扫描，第二固化层牢固地黏结在前一固化层上，这样一层层叠加而成三维工件原型。

第四，将原型从树脂中取出后，进行最终固化，再经打光、电镀、喷漆或着色处理即得到要求的产品。

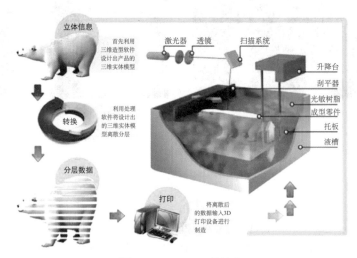

图 2-22　SLA 工艺流程

2.3 SLA 技术的优势与劣势

（1）优势

1）SLA 是最早出现的快速原型制造工艺，经过时间的检验，成熟度高；

2）由 CAD 数字模型直接制成原型，加工速度快，产品生产周期短，无须切削工具与模具。

3）成型精度高，精度可达 25 微米；

4）成型件表面光洁度高（表面 Ra<0.1μm）；

5）可以制作任何复杂的结构零件，有些结构在传统手段下难以成型；

6）成型过程自动化程度高，可联机操作，可远程控制，后处理简单（点支撑易去除）；

7）材料利用率接近 100%。

（2）劣势

1）SLA 系统造价昂贵，软件系统操作复杂，入门困难，使用和维护成本较高；

2）SLA 系统是需要对液体进行精密操作的设备，工作环境要求高，激光器要专门配备工业冷却水箱，保证温度不超过 25℃，并配备智能吸湿器，保证湿度不高于 50%；

3）预处理软件与驱动软件运算量大，一般使用 Magics 软件，操作人员需要经过培训才能处理模型及切片，与加工效果关联性太高；

4）成型件为树脂类，强度、刚度、耐热有限，不利于长期保存；

5）光敏树脂材料价格高，激光器寿命只有 2 000 小时，固化过程会产生刺激性气体，对皮肤造成一定的伤害。

2.4 桌面级 / 工业级 SLA 设备

桌面级 SLA 设备以美国 Form Labs 公司生产的 3D 打印产品 Form 2 为典型，其最大 3D 打印尺寸为 145×145×175 毫米，激光器功率为 250 瓦，打印最小层厚为 25 微米，同时配备了滑动剥离机构、刮液器和即热的树脂盒、自动加液系统和一个清洗套件等，市场售价为 3 499 美元，打印材料光敏树脂最低售价 149 美元，可选材料种类丰富。

图 2-23 桌面级 SLA 打印系统（设备、软件、耗材、整理套件）

从打印精度来看，工业级设备打印精度更高，桌面级 SLA 能够生产出具有 150 微米～300 微米公差的零件，零件越大精度越高，而工业级 SLA 对于任何构造尺寸的公差能够低至 30 微米。一般工业级 SLA 设备采用 365 nm 波长的固化材料，而桌面级 SLA 设备则采用 405 nm 波长的固化材料。两种设备打印的材料体系不一样，365 nm 波长的环氧系树脂理论上要比丙烯酸类树脂固化线收缩率小很多，这是精度差异的原因之一。

图 2-24　桌面级 SLA

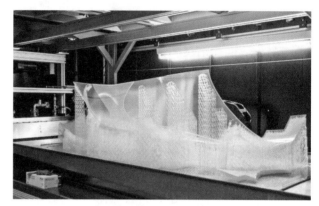

图 2-25　工业级 SLA

从打印的材料范围来看，工业级 SLA 设备能够打印的材料范围更为广泛。虽然桌面级 SLA 设备也可以打印柔性树脂，但工业级 SLA 设备可打印的柔性树脂的种类更为丰富，每种柔性树脂都具有不同的机械性能（邵氏硬度、耐温性等）。当前，SLA 技术是所有 3D 打印技术中可打印材料最广泛的。

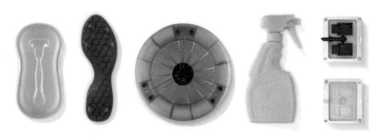

图 2-26　生物兼容性、韧性、高强度、耐久性、耐高温材料成型件

从光源的投影方式来看，桌面级 SLA 设备是下照式的投影方式，即光源从下往上投影，模型成型在上方的成型平台上，打印需要剥离；而工业级 SLA 光源是下照式，成型平台（网板）位于下方。故从打印稳定性上来讲，工业级设备更胜一筹。

从生产力来看，工业级 SLA 设备更具优势。工业级 SLA 设备成型面积更大，一次可生产更多或更大的成型件。工业级 SLA 设备还能够打印出较细的点接触支撑，桌面级 SLA 设备由于模型是倒挂在打印平台上的，点支撑强度无法克服剥离力而需要更粗的支撑，点支撑的工业级 SLA 支撑也更容易去除，从而减少后处理的时间。因此，桌面级

SLA 设备更适用于小批量、个性化定制的打印场合。

既然桌面级 SLA 设备各个方面都不如工业级 SLA 设备，那是否就失去了使用桌面级 SLA 设备的必要？那就错了，因为你忽略了一个最重要的因素——价格，与其动辄几十万元、几百万元的工业级 SLA 设备相比，几万元的桌面级设备更具有性价比。

综上，对于要求平滑表面的小型、精确可视化的原型，桌面级 SLA 设备可以提供快速、低成本的解决方案。而对于追求高性能或更高精度的大型零件，工业级 SLA 设备是最佳解决方案。

2.5　SLA 材料特性

黏度低，利于成型树脂较快流平，便于快速成型。

固化收缩小，固化收缩会导致零件变形、翘曲、开裂等，从而影响成型零件的精度，低收缩性树脂有利于成型出高精度零件。

湿态强度高，较高的湿态强度可以保证后固化过程不产生变形、膨胀及层间剥离。

溶涨小，湿态成型件在液态树脂中的溶涨易造成零件尺寸偏大；

杂质少，固化过程中没有气味，毒性小，有利于维护操作环境。

（1）材料组份及固化机理

用于光固化快速成型的材料为液态光敏树脂，主要由齐聚物、光引发剂、稀释剂组成。

齐聚物是光敏树脂的主体，是一种含有不饱和官能团的基料，它的末端有可以聚合的活性基团，一旦有了活性种，就可以继续聚合长大，一经聚合，分子量上升极快，很快就可成为固体。

光引发剂是激发光敏树脂交联反应的特殊基团，当受到特定波长的光子作用时，会变成具有高度活性的自由基团，作用于基料的高分子聚合物，使其产生交联反应，由原来的线状聚合物变为网状聚合物，从而呈现为固态。光引发剂的性能决定了光敏树脂的固化程度和固化速度。

稀释剂是一种功能性单体，结构中含有不饱和双键，如乙烯基、烯丙基等，可以调节齐聚物的黏度，但不容易挥发，且可以参加聚合。稀释剂一般分为单官能度、双官能度和多官能度。

当光敏树脂中的光引发剂被光源（特定波长的紫外光或激光）照射吸收能量时，会产生自由基或阳离子，自由基或阳离子使单体和活性齐聚物活化，从而发生交联反应而生成高分子固化物。

（2）材料的收缩变形

树脂在固化过程中都会发生收缩，SLA 采用的环氧系树脂通常线收缩率为 2% ～ 3%，丙烯酸系树脂的线收缩率约 5%。从高分子化学角度讲，光敏树脂的固化过程是从短的小分子体向长链大分子聚合体转变的过程，其分子结构发生了很大变化，因此，固化过程中的收缩是必然的。

从高分子物理学方面来解释，处于液体状态的小分子之间为范德华作用力距离，而固体态的聚合物的结构单元之间处于共价键距离，共价键距离远小于范德华力的距离，所以液态预聚物固化变成固态聚合物时，必然会导致零件的体积收缩。

（3）材料的后固化

尽管树脂在光照射过程中已经发生聚合反应，但只是完成部分聚合作用，零件中还有部分处于液态的残余树脂未固化或未完全固化（扫描过程中完成部分固化，避免完全固化引起的变形）。零件的部分强度也是在后固化过程中获得的，因此，后固化处理对完成零件内部树脂的聚合、提高零件最终力学强度是必不可少的。后固化时，零件内未固化树脂发生聚合反应，体积收缩产生均匀或不均匀形变。

与成型过程中变形不同的是，由于完成扫描之后的零件是由一定间距的层内扫描线相互黏结的薄层叠加而成，线与线之间、面与面之间既有未固化的树脂，相互之间又存在收缩应力和约束，以及从加工温度（一般高于室温）冷却到室温引起的温度应力，这些因素都会产生后固化变形。但已经固化部分对后固化变形有约束作用，减缓了后固化变形。

（4）材料的发展

1）光固化复合材料。光固化树脂中加入纳米陶瓷粉末、短纤维等，可改变材料强度、耐热性能等，改变其用途，目前已经有可直接用作工具的光固化树脂。

2）光敏树脂作为载体。光固化零件作为壳体，其中添加功能性材料，如生物活性物质，高温下，将 SLA 烧蚀，制造功能零件。

3）其他特殊性能零件，如橡胶弹性材料。

2.6 SLA 应用案例

图 2-27 New Blance 3D 打印的鞋

图 2-28 Form 2 打印的柔性瓶子

2.7 DLP 技术简介

数字光处理（Digital Light Processing，DLP）技术最早是由德州仪器公司开发的，主要是通过投影仪来逐层固化光敏聚合物液体，从而创建出 3D 打印对象，成为又一种新的快速成型技术。

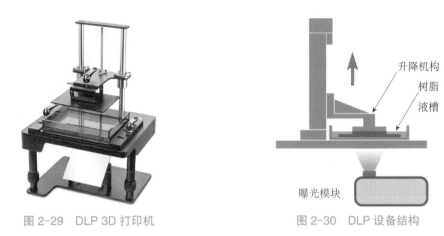

图 2-29　DLP 3D 打印机　　　　　图 2-30　DLP 设备结构

2.8 DLP 工艺流程

DLP 打印设备包含一个可以储存树脂的液槽，即树脂盒。树脂盒被用于盛放可被特定波长（如 405 nm）的紫外光照射后固化的树脂。DLP 投影成像系统置于树脂盒下方，投影系统焦平面则位于树脂盒底部离型膜上，然后通过能量及图形控制，每次可固化一定厚度及形状的薄层树脂（该层树脂与预先切分所得的截面外形完全相同）。树脂盒上方装配有一个升降机构，每次截面曝光完成后向上提拉一定高度（该高度与分层厚度一致），使得当前固化完成的固态树脂与树脂盒底面分离并黏接在成型平台或上一次成型的树脂层上，如此，DLP 打印工艺通过逐层曝光并提升成型平台来生成三维实体。

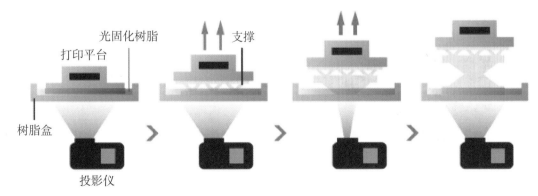

图 2-31　DLP 工艺流程

2.9 DLP 技术的特点、优势与限制

相比市面上的其他 3D 打印设备，由于其投影像素块（XY 分辨率精度）能够做到 50 μm 左右的尺寸，DLP 设备能够打印细节精度要求更高的产品，其加工件尺寸垂直精度可以达到 20 μm ～ 30 μm（即 Z 轴分辨率精度）。面投影的特点也使其在加工同面积截面时更为高效。DLP 设备的投影机构多为集成化，使得层面固化成型功能模块更为小巧，因此设备整体尺寸更为小巧。其成型的特点主要体现在以下几点：1）固化速率高；2）低成本；3）高分辨率；4）高可靠性。

图 2-32　DLP 打印机 MoonRay-D

该技术应用于 3D 打印中具备诸多优势：1）高速的空间光调制器，显示速率高达 32 kHz；2）光效率高，微镜反射率达 88% 以上；3）窗口透射率大于 97%；4）微镜的光学效率不受温度影响。

限制：1）需要设计支撑结构；2）树脂材料价格较贵，成型后强度、刚度、耐热性有限，不利于长时间保存；3）由于是光敏树脂材料，温度过高会融化或变形，工作温度不能超过 100℃，固化后较脆，易断裂，加工性不好；4）成型件易吸湿膨胀，抗腐蚀能力不强。

2.10 DLP 成型技术分解

图 2-33　测试用的简易 DLP 设备架构

（1）设备结构

DLP 设备的结构主要由光源投影机构、液盒成型机构、垂直升降机构（Z轴）及机架组成。光源投影机构是成型系统中最重要的环节，目前市面上多数 DLP 设备主要采用以投射 405 nm 蓝紫光的光机作为光源，打印设备的其他结构主要则是以光机为基础围绕搭建的。

树脂盒设计需要充分考虑蓝紫光的透过性及成型面的剥离效果。Z 轴垂直升降机构较为简单，一般采用带驱动器的步进电机带动丝杠转动即可实现功能。打印系统的上位机软件被要求能够进行

模型的切片成图处理，下位机软件就能够简易化实现片切的成型。

（2）光源投影硬件

目前，市面上有提供现成 DLP 投影硬件的厂商，通常采用 DLP 系列控制芯片，结合半导体光开关 DMD 组件实现 LED 光源投射效果。通常发光器件工作时发热较为严重，故 DLP 投影硬件的大部分区域为散热组件，硬件可以与不同镜头进行组合，并通过前期调节效果来固化镜头焦距，最终将该组件融合到设备内，构成 DLP 设备的能量源系统。

图 2-34　组合型的 DLP 投影硬件

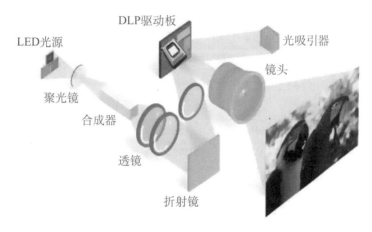

图 2-35　DLP 投影原理

半导体光开关 DMD 组件构成固化切片图形，每一个小镜片具备开关两种模式，通过镜片的翻转来表示亮暗的绝对值。当前也有研究在分析一定程度的亮度对成型切片的影响，以优化模型边缘的台阶纹理。

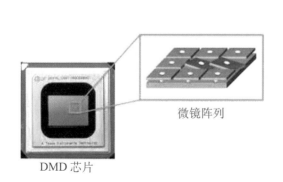

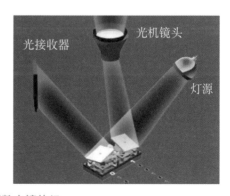

图 2-36　DMD 微型数字镜片组

（3）打印材料：光敏树脂

市面上 DLP 技术所采用的光敏树脂与 SLA 技术一致，主要成型紫外光波段为 405 nm。大部分材料都是以丙烯酸类为基材进行改性处理，配置出不同性能，如具备铸造性能、短时间耐高温、力学性能好的特点，并且根据需要选择合适的颜色配比，透明度也可以根据实际情况进行调整。

2.11 DLP 市场应用

DLP 对于 3D 打印的需求主要体现在高精度、高表面质量，以及产品的适应性、加工效率、加工成本等。

（1）珠宝首饰行业

DLP 技术已经广泛应用于珠宝首饰行业，珠宝首饰行业制造主要集中于广州番禺与深圳水贝，蜡模制造大多数使用喷蜡方式，由于国外进口设备及材料价格昂贵，故障率高，大大限制了 3D 打印技术在该领域的应用。例如：大族激光睿逸系列 3D 打印设备很好地填补了这一空白，可为客户提供全套的 3D 蜡型制作方案，可用于蜡模的批量生产。

图 2-37　DLP 技术在珠宝首饰行业中的应用流程
*虚线部分可直接用 DLP 技术取代

在传统工艺中，首饰工匠参照设计图纸，手工雕刻出蜡版，再利用失蜡浇铸的方法倒出金属版，并利用金属版压制胶膜并批量生产蜡模，最后使用蜡模进行浇铸，得到首饰的毛坯。制作高质量的金属版是首饰制作工艺中最为关键的工序，而传统方式雕刻蜡版制作银版将完全依赖工匠的水平，并且修改设计也相当烦琐。

采用 3D 打印技术替代传统工艺制作蜡模的工序，将完全改变这一现状，3D 打印技术不仅使设计及生产变得更为高效、便捷，更重要的是数字化的制造过程使得制造环节不再成为限制设计师发挥创意的瓶颈。

（2）牙科医疗行业

数字牙科是指借助计算机技术和数字设备辅助诊断、设计、治疗、信息追溯。口腔修复体的设计与制作目前在临床上仍以手工为主，设计效率低。数字化的技术不仅解决了手工作业烦琐的程序，更消除了手工打磨精确度及效率低下的瓶颈。

通过三维扫描、CAD/CAM 设计，牙科实验室可以准确、快速、高效地设计牙冠、牙桥、石膏模型和种植导板、矫正器等，将设计的数据通过 3D 打印技术直接制造出可铸造树脂模型，实现整个过程的数字化，3D 打印技术的应用进一步简化了制造环节的工序，大大缩短了口腔修复的周期。

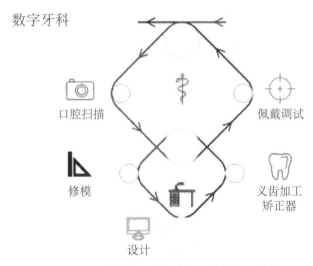

图 2-38　DLP 技术在牙科医疗行业中的应用流程

（3）其他行业

DLP 技术可以与其他 3D 打印技术通用，在新产品的初始样板快速成型、精细零件样板生产过程中可运用 DLP 技术，同时随着光敏树脂复合材料的不断丰富，如类 ABS、耐热树脂、陶瓷树脂等新材料的开发，越来越多的应用将会被引入 DLP 3D 打印技术中。

目前，市面上存在多种 3D 打印技术，它们均具备 3D 打印通用的复杂结构成型的特点，同时每种 3D 打印技术都具备其各自的特点，如工业应用、高精细化、材料种类广泛、高效、低成本等。DLP 作为高效、精细化成型的代表，随着成型材料的开发、应用领域的拓展，将会开发出更多的功能，并推动 3D 打印软硬件技术的进步。

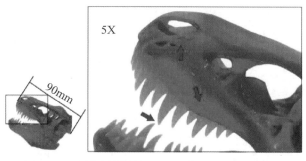

图 2-39　高精度模型的 DLP 细节呈现（玩具行业）

图 2-40　用于展示的高精度模型（模型行业）

2.12　SLA & DLP 的不同

以下我们以桌面级设备进行详细对比。

（1）打印速度

由于 SLA 是通过激光扫描来固化材料的，属于点成型；而 DLP 则是每一层都是一次性曝光的，属于面成型，因此理论上用 DLP 打印一些部件的时间更短。在打印速度方面，DLP 优于 SLA。

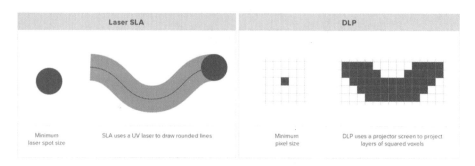

图 2-41　点扫描与面曝光

（2）打印尺寸

SLA 与 DLP 可实现相同的打印尺寸。

（3）打印精度

一般而言，打印精度取决于 XY 平面光源像素点的密度。SLA 打印所采用的激光机器通常具有约 300 μm 的固定激光光斑尺寸，而 DLP 投影仪可定制打印一般为 50 μm 的像素大小，所以在打印精度方面 DLP 更胜一筹。

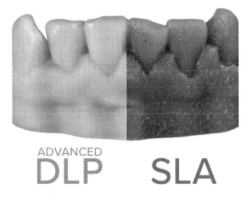

图 2-42　打印件分模精度对比

（4）表面光洁度

在表面光洁度方面，由于物体由 3D 打印中的层组成，3D 打印通常具有可见的水平层线，DLP 设备可以通过软件抗锯齿或像素移位来移除像素化，但会牺牲一定的打印精度。然而，因为 DLP 使用矩形体素渲染图像，所以也有垂直体素线的显现，随着切片层厚的降低而改善。在表面光洁度方面，SLA 优于 DLP。

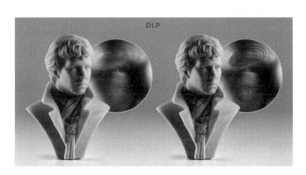

图 2-43　打印件表面光洁度对比

另外，DLP 技术完全开源，所有技术细节免费共享，开源和创客运动能帮助该技术向更高质量及更低成本的方向发展。

3. 选择性激光烧结技术（SLS）

3.1　SLS 简介

选择性激光烧结（Selective Laser Sintering，SLS）主要是利用粉末材料在激光照射下高温烧结的基本原理，通过计算机控制光源定位装置实现精确定位，然后逐层烧结堆积成型。

SLS 3D 打印技术最初由美国得克萨斯州大学奥斯汀分校的卡尔·德卡德博士提出，并于 1989 年研制成功。凭借这一核心技术，他组建了 DTM 公司，直到 2001 年被 3D Systems 公司收购。几十年来，DTM 公司的科研人员在 SLS 领域做了大量的研究工作，并在设备研制、工艺和材料研发上取得了丰硕的成果。

在国内，已有多家单位开展了对 SLS 的相关研究工作，如华中科技大学、南京航空航天大学、西北工业大学以及北京和湖南的多家 3D 打印企业，均取得了许多重大成果。

3.2　SLS 工艺流程

SLS 的工作过程都是基于粉末床进行的，利用激光烧结粉末。先用铺粉滚轴铺一层粉末材料，通过打印设备里的恒温设备将其加热至恰好低于该粉末烧结点的某一温度，接着激光束在粉层上照射，使被照射的粉末温度升至熔化点之上，进行烧结并与下面已制作成形的部分实现黏结。当一个层面完成烧结之后，打印平台下降一个层厚的高度，铺粉系统为打印平台铺上新的粉末材料，然后控制激光束再次照射进行烧结，如此循环往复，层层叠加，直至完成整个三维物体的打印工作。

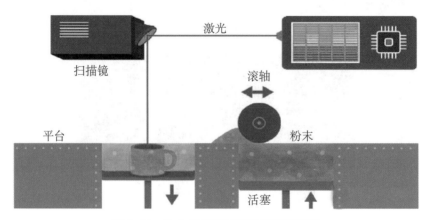

图 2-44　SLS 激光烧结成型工艺原理图

3.3　SLS 技术优势

1）可使用材料广泛。可使用的材料包括尼龙、聚苯乙烯等聚合物，铁、钛、合金等金属、陶瓷、覆膜砂等。

2）成型效率高。由于 SLS 技术并不完全熔化粉末，而仅是将其烧结，因此制造速度快。

3）材料利用率高。未烧结的材料可重复使用，材料浪费少，成本较低。

4）无须支撑。由于未烧结的粉末可以对模型的空腔和悬臂部分起支撑作用，不必像 FDM 和 SLA 工艺那样另外设计支撑结构，可以直接生产形状复杂的原型及部件。

5）应用面广。由于成型材料的多样化，可以选用不同的成型材料制作不同用途的烧结件，可用于制造原型设计模型、模具母模、精铸熔模、铸造型壳和型芯等。

3.4　SLS 技术限制

1）原材料价格及采购维护成本都较高。

2）机械性能不足。SLS 成型金属零件的原理是低熔点粉末黏结高熔点粉末，导致制件的孔隙度高、机械性能差，尤其是延伸率较低，很少能够直接应用于金属功能零件的制造。

3）需要比较复杂的辅助工艺。由于 SLS 所用的材料差别较大，有时需要比较复杂的辅助工艺，如需要对原料进行长时间的预处理（加热）、制造完成后需要进行成品表面的粉末清理等。

3.5　SLS 打印粉末材料及烧结工艺

从理论上来说，任何加热后能够形成原子间黏结的粉末材料都可以作为 SLS 的成型材料。目前，已可成熟运用于 SLS 设备打印的材料主要有石蜡、尼龙、金属、陶瓷粉末及其复合材料。

（1）金属粉末的烧结

用于 SLS 烧结的金属粉末主要有三种：单一金属粉末、金属混合粉末、金属粉末与有机黏合剂粉末的混合体。SLS 技术在成型金属零件时，主要有三种方式：

1）单一金属粉末的烧结。例如：先将铁粉预热到一定温度，再用激光束扫描、烧结。烧结好的制件经热等静压（Hot Isostatic Pressing，HIP）处理，可使最后零件的相对密度达到 99.9%。

2）金属混合粉末的烧结。主要是两种金属的混合粉末，其中一种粉末的熔点较低，另一种粉末的熔点较高。例如：先将金属混合粉末预热到某一温度，再用激光束进行扫描，使低熔点的金属粉末（如青铜粉）熔化，从而将难熔的镍粉黏结在一起。烧结好的制件再经液相烧结后处理，可使最后制件的相对密度达到 82%。

3）金属粉末与有机黏合剂粉末的混合体的烧结。将金属粉末与有机黏合剂粉末按一定比例均匀混合，激光束扫描后使有机黏合剂熔化，熔化的有机黏合剂将金属粉末黏合在一起（如铜料和有机玻璃粉）。烧结好的制件再经高温后续处理，一方面去除制件中的有机黏合剂，另一方面提高制件的力学强度和耐热强度。

图 2-45　SLS 技术制成的金属物件

目前，SLS 的发明者德卡德组建的美国 DTM 公司的产品中，已经商业化的金属粉末产品有以下几种：

Rrapid Steel 1.0，其材料成分为 1080 碳钢金属粉末和聚合物材料，聚合物均匀覆在粉粒的表面，成型坯的密度是钢密度的 55%，强度可达 2.8 MPa，所渗金属可以是纯铜，也可以是青铜，这种材料主要用来制造注塑模。

Rrapid Steel 2.0，其烧结成型件完全密实，达到铝合金的强度和硬度，能进行机加工、焊接、表面处理及热处理，可作为塑料件的注塑成型模具，注塑模的寿命可达到 10 万件 / 副，也可以用来制造用于铝、镁、锌等有色金属零件的压铸模，压铸模的寿命能达到 200 件 / 副～500 件 / 副。

Copper Polyamide，基体材料为铜粉，黏结剂为聚酰胺（Polyamide），其特点是成型后无须二次烧结，成型件可用于常用塑料的注塑成型，寿命为 100 件 / 副～ 400 件 / 副。

此外，还有德国 EOS 公司推出的 Direct Steel（混合油其他金属粉末的钢粉末）等材料。

图 2-46　SLS 成型金属件

（2）陶瓷粉末的烧结

与金属合成材料相比，陶瓷粉末材料有更强的硬度和更高的工作温度，也可用于复制高温模具。由于陶瓷粉末的熔点很高，因此在采用 SLS 工艺烧结陶瓷粉末时，需要在陶瓷粉末中加入低熔点的黏合剂。激光烧结时首先将黏合剂熔化，然后通过熔化的黏合剂将陶瓷粉末黏结起来成型，最后通过后处理来提高陶瓷零件的性能。

目前，所用的纯陶瓷粉末原料主要有氧化铝和碳化硅，而黏结剂有无机黏结剂、有机黏结剂和金属黏结剂三种。由于工艺过程中铺粉层的原始密度低，因而制件密度也低，故多用于铸造型壳的制造。

图 2-47　SLS 激光烧结制成的陶瓷制件

（3）高分子材料的烧结

在高分子材料中，经常使用的材料包括聚碳酸酯（PC）、聚苯乙烯（PS）、ABS、尼龙（PA）、尼龙与玻璃纤维的混合物、蜡等。高分子材料具有较低的成形温度，烧结所需的激光功率小，熔融黏度较高，没有金属粉末烧结时较难克服的"球化"效应，因此，高分子材料是目前应用最多也是应用最成功的 SLS 材料。

尼龙材料因具有强度高、耐磨性好、易于加工等优点而在 SLS 3D 打印领域得到了广泛应用。同时，可以在尼龙材料中加入玻璃微珠、碳纤维等材料，从而提高尼龙的机械性能、耐磨性能、尺寸稳定性能和抗热变形性能。

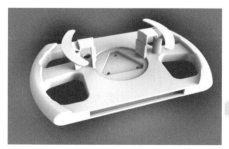

图 2-48　SLS 尼龙粉末打印的工业制件

图 2-49　CastForm PS 材料打印的工业制件

（4）SLS 商业化材料

1）DuraForm PA（尼龙粉末，美国 DTM 公司），其热稳定性、化学稳定性优良。

2）DuraForm GF（添加玻璃珠的尼龙粉末，美国 DTM 公司），其热稳定性、化学稳定性优良，尺寸精度高。

3）Polycarbonate（聚碳酸酯粉末，美国 DTM 公司），其热稳定性良好，可用于精密铸造。

4）CastForm PS（聚苯乙烯粉末，美国 DTM 公司），需要用铸造蜡处理，以提高制件的强度，改善表面粗糙度，可用于失蜡制造工艺。

5）Somos 201（弹性体高分子粉末，美国 DSM Somos 公司），其类似于橡胶产品，具有很强的柔性。

3.6　SLS 制造金属零件的方法

1）熔模铸造法：首先采用 SLS 技术成型高聚物（聚碳酸酯 PC、聚苯乙烯 PS 等）原型零件，然后利用高聚物的热降解性，采用铸造技术成型金属零件。

2）砂型铸造法：首先利用覆膜砂成型零件型腔和砂芯（即直接制造砂型），然后浇铸出金属零件。

3）选择性激光间接烧结原型件法：高分子与金属的混合粉末或高分子包覆金属粉末经 SLS 成型，经脱脂、高温烧结、浸渍等工艺成型金属零件。

4）选择性激光直接烧结金属原型件法：首先将低熔点金属与高熔点金属粉末混合，其中低熔点金属粉末在成形过程中主要起黏结剂作用，然后利用 SLS 技术成型金属零件。最后对零件后处理，包括浸渍低熔点金属、高温烧结、热等静压。

3.7　SLS 的应用领域

1）快速原型制造。SLS 工艺能够快速制造模型，从而缩短从设计到成品完成的时间，可以使客户更加快速、直观地看到最终产品的原型。

2）新型材料的制备及研发。采用 SLS 工艺可以研制一些新兴的粉末颗粒以增强复合材料的强度。

3）小批量、特殊零件的制造加工。当遇到一些小批量、特殊零件的制造需求时，利用传统方法制造往往成本较高，而利用 SLS 工艺可以快速有效地解决这个问题，从而降低成本。

4）快速模具和工具制造。目前，随着工艺水平的提高，SLS 制造的部分零件可以直接作为模具使用。

5）逆向工程。借助三维扫描工艺等技术，在没有图纸和 CAD 模型的条件下，可以利用 SLS 工艺按照原有零件进行加工，根据最终零件构造成原型的 CAD 模型，从而实现逆向工程应用。

6）医学中的应用。由于 SLS 工艺制造的零件具有一定的孔隙率，因此可以用于人工骨骼制造，已经有临床研究证明，这种人工骨骼的生物相容性较好。

4. 三维打印成型技术（3DP）

4.1 3DP 简介

3DP（Three-Dimensional Printing，3DP），也被称为黏合喷射（Binder Jetting）、喷墨粉末打印（Inkjet Powder Printing）。从工作方式来看，三维打印与传统二维喷墨打印最接近。与 SLS 工艺一样，3DP 也是通过将粉末黏结成整体来制作零部件，不同之处在于，它不是通过激光熔融的方式黏结，而是通过喷头喷出的黏结剂黏结。

3DP 技术是美国麻省理工学院伊曼纽尔·萨克斯等人开发的。3DP 技术改变了传统的零件设计模式，真正实现了由概念设计向模型设计的转变。

近年来，3DP 技术在国外得到了迅猛的发展。美国 Z Corporation 与日本 Riken Institute 于 2000 年研制出基于喷墨打印技术的、能够做出彩色原型件的三维打印机。该公司生产的 Z400、Z406 及 Z810 打印机是采用 MIT 发明的基于喷射黏结剂黏结粉末工艺的 3DP 设备。

2000 年底，以色列 Object Geometries 公司推出了基于结合 3D Ink-Jet 与光固化工艺的三维打印机 Quadra。美国 3D Systems、荷兰 TNO 以及德国 BMT 公司等都生产出了自己研制的 3DP 设备。

目前，清华大学、西安交通大学、上海大学等国内高校和科研院所也在积极研发此类设备。3DP 技术在国外的家电、汽车、航空航天、船舶、工业设计、医疗等领域已得到了较为广泛的应用，但在国内尚处于研究阶段。

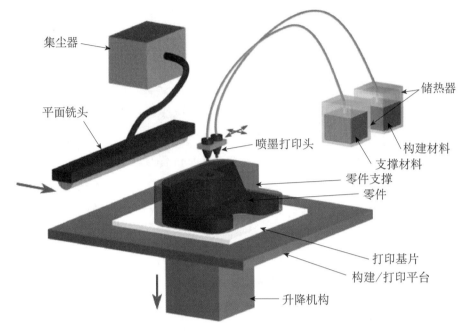

图 2-50 3DP 工作原理

4.2 3DP 工艺流程

3DP 技术是一个多学科交叉的系统工程，涉及 CAD/CAM 技术、数据处理技术、材料技术、激光技术和计算机软件技术等，其成形工艺过程包括模型设计、分层切片、数据准备、打印模型及后处理等步骤。

在采用 3DP 设备制件前，必须对 CAD 模型进行数据处理。由 UG、Pro/E 等 CAD 软件生成 CAD 模型，并输出 STL 文件，必要时需采用专用软件对 STL 文件进行检查并修正错误。但此时生成的 STL 文件还不能直接用于三维打印，必须采用分层软件对其进行分层。层厚大，精度低，但成形时间快；相反，层厚小，精度高，但成形时间慢。分层后得到的只是与原型高度一致的外形轮廓，此时还必须对其内部进行填充，最终得到三维打印数据文件。

1）3DP 的供料方式与 SLS 一样，供料时将粉末通过水平压辊平铺于打印平台之上；

2）将带有颜色的胶水通过加压的方式输送到打印头中存储；

3）接下来的打印过程与 2D 的喷墨打印机一样，首先系统会根据三维模型的颜色将彩色的胶水进行混合并选择性地喷在粉末平面上，粉末遇胶水后会黏结为实体；

4）一层黏结完成后，打印平台下降，水平压棍再次将粉末铺平，然后开始新一层的黏结，如此反复层层打印，直至整个模型黏结完毕；

5）打印完成后，回收未黏结的粉末，吹净模型表面的粉末，再次将模型用透明胶水浸泡，此时模型就具有了一定的强度。

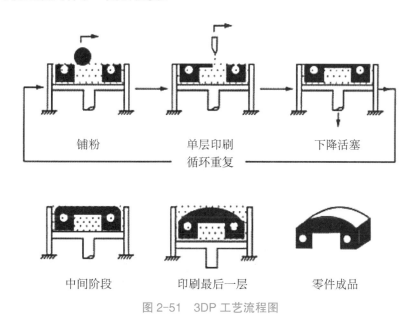

图 2-51　3DP 工艺流程图

4.3　3DP 打印材料

理论上讲，任何可以制作成粉末状的材料都可以用 3DP 工艺成型，材料选择范围很广。目前，此技术发展的最大阻碍就在于成型所需的材料，主要包括粉末材料和黏结剂两部分。

（1）粉末材料

首先，从三维打印技术的工作原理可以看出，其成型粉末需要具备材料成型性好、成型强度高、粉末粒径较小、不易团聚、滚动性好、密度和孔隙率适宜、干燥硬化快等特点，可以使用的原型材料有石膏粉末、淀粉、陶瓷粉末、金属粉末、热塑材料或者其他一些有合适粒径的粉末等。

成型粉末部分由填料、黏结剂、添加剂等组成。相对其他条件而言，粉末的粒径非常重要。粒径小的颗粒可以提供相互间较强的范德华作用力。但滚动性较差，且打印过程中易扬尘，导致打印头堵塞；大的颗粒滚动性较好，但是会影响模具的打印精度。粉末的粒径根据所使用打印机类型及操作条件的不同，可从 1 μm ～ 100 μm。

其次，需要选择能快速成型且成型性能较好的材料。可选择石英砂、陶瓷粉末、石膏粉末、聚合物粉末（如聚甲基丙烯酸甲酯、聚甲醛、聚苯乙烯、聚乙烯、石蜡等），金属氧化物粉末（如氧化铝等）和淀粉等作为材料的填料主体。选择与之配合的黏结剂可以达到快速成型的目的。加入部分粉末黏结剂可起到加强粉末成型强度的作用，其中聚乙烯醇、纤维素（如聚合纤维素、碳化硅纤维素、石墨纤维素、硅酸铝纤维素等）、麦芽糊精等可以起到加固作用，但是其纤维素链长应小于打印时成型缸每次下降的高度，胶体二氧化硅的加入可以使得液体黏结剂喷射到粉末上时迅速凝胶成型。

除了简单混合，将填料用黏结剂（聚乙烯吡咯烷酮等）包覆并干燥可更均匀地将黏结剂分散于粉末中，便于喷出的黏结剂均匀渗透进粉末内部；成型材料除了填料和黏结剂两个主体部分，还需要加入一些粉末助剂调节其性能，可加入一些固体润滑剂增加粉末滚动性，如氧化铝粉末、可溶性淀粉、滑石粉等。有利于铺粉层薄均匀加入卵磷脂，可减少打印过程中小颗粒的飞扬以及保持打印形状的稳定性等。另外，为防止粉末由于粒径过小而团聚，需采用相应方法对粉末进行分散。

（2）黏结剂

用于打印头喷射的黏结剂要求性能稳定、能长期储存、对喷头无腐蚀作用、黏度低、表面张力适宜，以便按预期的流量从喷头中挤出，且不易干涸，能延长喷头抗堵塞时间，低毒环保等。

液体黏结剂分为 3 种类型：本身不起黏结作用的黏结剂、本身会与粉末反应的黏结剂及本身有部分黏结作用的黏结剂。

本身不起黏结作用的黏结剂只起到为粉末相互结合提供介质的作用。其在模具制作完毕之后会挥发到几乎不剩下任何物质。对于本身就可以通过自反应硬化的粉末适用，此液体可以为三氯甲烷、乙醇等。

对于本身会与粉末反应的黏结剂，如粉末与液体黏结剂的酸碱性不同，可以通过液体黏结剂与粉末的反应达到凝固成型的目的。对于金属粉末，常常是在黏结剂中加入一些金属盐来诱发其反应。

对于本身不与粉末反应的黏结剂，通过加入一些起黏结作用的物质，液体挥发后，剩下起黏结作用的关键组分，形成本身有部分黏结作用的黏结剂。其中可添加的黏结组分包括缩丁醛树脂、聚氯乙烯、聚碳硅烷、聚乙烯吡咯烷酮以及一些其他高分子树脂等。虽然根据粉末种类不同可以用水、丙酮、醋酸、乙酰乙酸乙酯等作为黏结剂溶剂，但目前以水基黏结剂居多。

如前所述，要达到液体黏结剂所需条件，除了主体介质和黏结剂外，还需要加入保湿剂、快干剂、润滑剂、促凝剂、增流剂、pH 调节剂及其他添加剂（如染料、消泡剂）等，所选液体均不能与打印头材质发生反应。

加入的保湿剂如聚乙二醇、丙三醇等可以起到很好地保持水分的作用，便于黏结剂长期稳定储存。可加入一些沸点较低的溶液如乙醇、甲醇等来加快黏结剂多余部分的挥发速度。另外，丙三醇的加入还可以起到润滑作用，减少打印头的堵塞。

另外，对于那些对溶液 pH 值有特殊要求的黏结剂部分，可通过加入三乙醇胺、四甲基氢氧化氨、柠檬酸等调节 pH 值为最优。

出于打印过程美观目的或者产品需求，需要加入能分散均匀的染料等。要注意的是，添加助剂的用量不宜太多，一般小于质量分数的 10%，助剂太多会影响粉末打印后的效果及打印头的机械性能。

4.4　3DP 技术优势

（1）可选择的材料种类很多并且开发新材料的过程相对简单

由于 3DP 的成型过程主要依靠黏合剂和粉末之间的黏合，众多材料都可以被黏合剂黏成型，同时，在传统粉末冶金中可以烧结的金属和陶瓷材料有很多，因此很多材料都具备可以使用 3DP 技术制造的潜力。同时 3DP 打印机具有很大的材料选择灵活性，无须为材料改变设备或者主要参数。目前，可以使用 3DP 直接制造的金属材料包括多种不锈钢、铜合金、镍合金、钛合金等。

（2）适合处理一些使用激光或电子束烧结（或熔融）有难度的材料

由于一些材料有很强的表面反射性，因此很难吸收激光能量，对激光波长有严格的要求；一些材料导热性极强，很难控制熔融区域的形成，会明显影响成品的质量，但 3DP 技术却不会遇到这些问题。

（3）成型过程中不会产生任何残余应力

由于 3DP 不会融化粉末，可完全通过粉床来支撑悬空结构，而无须任何额外的支撑结构，也不需要在打印过程中将整个零件固定在粉末底部的基座上，因此在结构设计上具备更大的自由度，打印完成后也无须去除支撑这一步。

（4）非常适用于大尺寸的制造和大批量的零件生产

因为 3DP 打印机不需要处于密封空间中，而且喷头相对便宜，所以在不大幅增加成本的基础上可以制造具有非常大尺寸的粉床和喷头。外加喷头可以进行阵列式扫描而非激光点到点的扫描，进行大尺寸零件打印时打印速度也是可以接受的，并且可以通过使用多个喷头而进一步提高速度。例如：ExOne 公司用于铸造模具打印的 Exerial 打印机就具有 2.2 m×1.2 m×0.7 m 的制造尺寸。Voxeljet 公司甚至通过一种倾斜式粉床的设计从而可以制造在一个维度上无限延伸的零件。

（5）打印件精度较高

例如：Hoganas 公司的产品具有很高的精度和光滑度（经过处理后），可以做非常精致的首饰品。

（6）设备成本相对低廉

例如：比起动辄百万美元级的金属 3D 打印机，ExOne 公司的打印机售价则低很多。

4.5　3DP 技术限制

1）最主要的是直接制造金属或陶瓷材料时的低密度问题。与金属喷射铸模或挤压成型等粉末冶金工艺相比，3DP 成型的初始密度较低，因此最终产品经过烧结后密度也很难达到 100%。尽管这种特性对于一些需要疏松结构的应用有益处（如人造骨骼等），但对于多数要求高强度的应用却是不令人满意的。但是在后处理技术的帮助下，很多金属材料还是可以达到 100% 的密度的。

2）3DP 中先打印成型之后再烧结的烦琐过程与很多直接成型的金属增材制造技术相比经常受到诟病，而且整个流程耗时较长。因此，制造小批量的零件时 3DP 在耗时上与其他技术相比可能就没有优势。

3DP 作为一项虽然目前不是很主流的金属增材制造技术，但因为以上提到的特点而在一些领域极具竞争力，当然这项技术的一些自身不足也限制了其更广泛的应用。众多研究人员对这项技术的前景非常看好，并且期待有新的技术进步会将 3DP 的特点更加发扬光大。世界上没有所谓的最好的增材制造技术，关键是如何将各项技术各取所长并应用在最合适的领域上。

4.6　3DP 技术应用

（1）原型全彩打印

当 3DP 技术在麻省理工学院的实验室实现之后便被迅速地转化为专利，在 20 世纪 90 年代被多家公司根据不同材料取得使用权并商业化。在取得非金属材料技术的公司中比较有名的是 Z Corporation，它使用石膏作为主要材料，依靠石膏和以水为主要成分的黏合剂之间的反应而成型。Z Corporation 产品最大的亮点当属原型全彩打印，这在 Objet 等公司尚未出现时便成了唯一一种可以打印全色彩的技术。如同纸张喷墨打印机一样，黏合剂可以被着色并且依靠基础色混合（CMYK）而将粉末着色，从而制造出在三维空间内具备多种颜色的模型。这种方式制造出的模型多用于快速成型和产品设计。Z Corporation 在 2012 年被 3D Systems 收购，并被开发成为 3DS 的 colorjet 系列打印机。

（2）全密度金属直接成形

ExOne 公司将使用 3DP 打印金属的技术商业化。当制造金属零件时，金属粉末被一种主要功能成分为热固性高分子黏合剂所黏合而成型为坯件，之后坯件被从 3D 打印机中取出并放到熔炉中烧结得到金属成品。由于烧结后的零件一般密度较低，因此为了得到高密度的成品，ExOne 还会将一种低熔点的合金（如铜合金）在烧结过程中渗透到零件中。尽管最初 ExOne 制造的产品多以不锈钢为主，但如今已有多种金属材料（如镍合金）以及陶瓷材料可供选择，并在经过一些特殊的后处理技术处理后可以达到 100% 的密度。

图 2-52　全彩打印模型

图 2-53　金属成型打印

（3）砂模铸造成形

运用 3DP 制造金属的还有一种非直接的方式——铸造，即用砂通过 3DP 成型形成模具，之后便可用于传统的金属铸造。这种制造方式在继承了传统铸造的特点和材料选项的同时，还具备增材制造的特点（如可制造复杂结构等）。

5. 箔材叠层制造成型技术（LOM）

5.1　LOM 简介

箔材叠层制造成型技术（Laminated Object Manufacturing，LOM）是一种薄片材料叠加工艺。

LOM 技术由美国 Helisys 公司于 1986 年研发成功，该公司推出了 LOM-1050 和 LOM-2030 两种模型的成型机。除了美国 Helisys 公司以外，还有日本 Kira 公司、瑞典 Sparx 公司、新加坡 Kinersys 公司、清华大学、华中科技大学等均研制了此项技术的成型机。

箔材叠层制造成型技术是根据三维 CAD 模型每个截面的轮廓线，在计算机控制下，发出控制激光切割系统的指令，使切割头做 X 和 Y 方向的移动。供料机构将地面涂有热溶胶的箔材（如涂覆纸、涂覆陶瓷箔、金属箔、塑料箔材）一段段地送至工作台的上方。激光切割系统按照计算机提取的横截面轮廓用二氧化碳激光束对箔材沿轮廓线将工作台上的纸割出轮廓线，并将纸的无轮廓区切割成小碎片。然后，由热压机构将一层层纸压紧并黏合在一起。可升降工作台支撑正在成型的工件，并在每层成型之后，降低一个纸厚，以便送进、黏合和切割新的一层纸。最后形成由许多小废料块包围的三维原型零件。将原型零件取出后，将多余的废料小块剔除，最终获得三维产品。

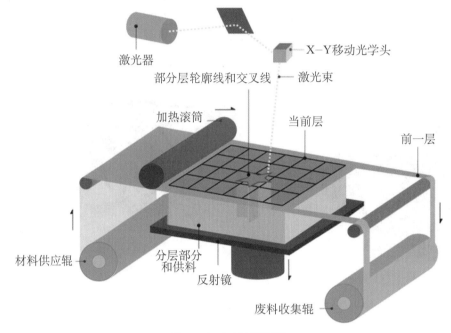

图 2-54　LOM 原理图

5.2　LOM 工艺流程

LOM 成型制造流程分为:

(1) 前处理

前处理即图形处理阶段。想要制造一个产品,需要通过三维造型软件(如 Pro/E、UG、Solidworks)对产品进行三维模型制造,然后将制作出来的三维模型转换为 STL 格式,再将 STL 格式的模型导入切片软件中进行切片,这就完成了产品制造的第一个过程。

(2) 基底制作

由于工作台频繁起降,因此在制造模型时,必须将 LOM 原型的叠件与工作台牢牢地连在一起,这就需要制造基底,通常的办法是设置 3 ~ 5 层的叠层作为基底,但有时为了使基底更加牢固,可以在制作基底前对工作台进行加热。

(3) 原型制作

在基底完成之后,快速成型机就可以根据事先设定的工艺参数自动完成原型的加工制作。但是工艺参数的选择与选型制作的精度、速度以及质量密切相关。其中重要的参数有激光切割速度、加热辊热度、激光能量、破碎网格尺寸等。

(4) 后处理

后处理包括余料去除和后置处理。余料去除即在制作的模型完成打印之后,工作人员将模型周边多余的材料去除，从而显示出模型。后置处理即在余料去除以后，为了提高原型表面质量，就需要对原型进行处理。后置处理包括防水、防潮等处理。只有经过后置处理，制造出来的原型才会满足快速原型表面质量、尺寸稳定性、精度和强度等要求。另外，在后置处理中的表面涂覆则是为了提高原型的强度、耐热性、抗湿性，延长使用寿命、表面光滑以及更好地用于装配和功能检验。

在上述过程中，分层实体原型会出现误差，原因有：

1）CAD 模型 STL 文件输出造成的误差；

2）切片软件 STL 文件输入造成的误差；

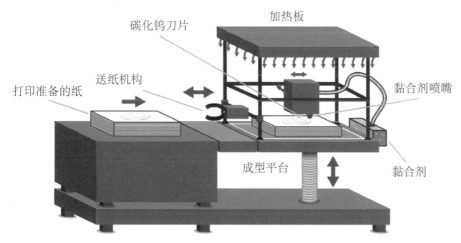

图 2-55 LOM 工艺流程图

3）设备精度误差，如不一致的约束、成型功率控制不当、切碎网格尺寸、工艺参数不稳定；

4）成型之后环境因素引起的误差，如热导致的变形、潮湿导致的变形。

为了避免出现误差，就要提高原型制作精度，具体措施有：

1）在进行 STL 转换时，可以根据零件形状的不同复杂程度来定。在保证成型形状完整、平滑的条件下，尽量避免过高的精度。不同的 CAD 软件适用的精度范围不一样，如 Pro/E 所选用的范围是 0.01 mm ～ 0.05 mm，UG II 所选用的范围是 0.02 mm ～ 0.08 mm。如果零件细小结构复杂，可将转换精度设高一些。

2）STL 文件输出精度的取值应与相对应的原型制作设备上切片软件的精度相匹配。过大会使切割速度严重减慢，过小会引起轮廓切割的严重失真。

3）模型的成型方向对工件品质（尺寸精度、表面粗糙度、强度等）、材料成本和制作时间产生很大的影响。一般来说，无论哪种快速成型方法，由于不容易控制工件 Z 方向的翘曲变形等原因，工件的 X-Y 方向的尺寸精度比 Z 方向的更容易保证，应该将精度要求

较高的轮廓尽可能放置在 X-Y 平面。

4）切碎网格的尺寸有多种设定方法。当原型形状比较简单时，可以将网格尺寸设大一些，提高成型效率；当形状复杂或零件内部有废料时，可以采用改变网格尺寸的方法进行设定，即在零件外部采用大网格划分，零件内部采用小网格划分。

5）处理湿胀变形的一般方法是涂漆。为考查原型的吸湿性即涂漆的防湿效果，选取尺寸相同的快速成型的长方形叠层块经过不同处理后，置入书中 10 分钟进行试验，观看其尺寸和重量的变化情况。

5.3 LOM 打印材料

LOM 材料一般由薄片材料和热溶胶两部分组成。

（1）薄片材料

根据所需要构建的模型的性能要求选用不同的薄片材料。薄片材料分为：纸片材、金属片材、陶瓷片材、塑料薄膜和复合材料片材，其中纸片材应用最多。构建的模型对基体薄片材料有以下性能要求：抗湿性、良好的浸润性、抗拉强度大、收缩率小、剥离性能好。

（2）热溶胶

用于 LOM 纸基的热熔胶按照基体树脂划分为乙烯－醋酸乙烯酯共聚物型热熔胶、聚酯类热熔胶、尼龙类热熔胶或者其他混合物。目前，EVA 型热熔胶应用最广。热熔胶主要有以下性能：良好的热熔冷固性能（室温下固化）；在反复熔融－固化条件下其物理化学性能稳定；熔融状态下于薄片材料有较好的涂挂性和涂匀性；足够的黏结强度；良好的废料分离性能。

5.4 LOM 技术的优势与限制

（1）优势

1）成型速度快，由于只要使激光束沿着物体的轮廓进行切割，不用扫描整个断面，因此常用于加工内部结构简单的大型零件，制作成本低；

2）不需要设计和构建支撑结构；

3）原型精度高，翘曲变形小；

4）原型能承受高达 200℃的温度，有较高的硬度和较好的力学性能；

5）可以切削加工；

6）废料容易从主体剥离，不需要后固化处理。

（2）限制

1）有激光损耗，并且需要建造专门的实验室，维护费用昂贵；

2）可以应用的原材料种类较少，尽管可选用若干原材料，但目前常用的还是纸，其他还在研发中；

3）打印出来的模型必须立即进行防潮处理，纸制零件很容易吸湿变形，所以成型后必须用树脂、防潮漆涂覆；

4）很难构建形状精细、多曲面的零件，仅限于结构简单的零件；

5）制作时，加工室温度过高，容易引发火灾，需要专人看守。

5.5 LOM 应用

由于 LOM 在制作过程中多使用纸材，成本低，而且制造出来的木质原型具有特殊质地，因此该技术在产品概念设计可视化、造型设计评估、装配检验、熔模铸造型芯、砂型铸造木模、快速制模母模以及直接制模等方面得到广泛的应用。

6. 选择性激光熔化技术（SLM）

6.1 SLM 简介

选择性激光熔化技术（Selective Laser Melting，SLM）由德国 Froounholfer 研究院于 1995 年首次提出，是利用金属粉末在激光束的热作用下完全熔化、经冷却凝固而成型的一种技术。为了完全熔化金属粉末，要求激光能量密度超过 $106\ \text{W/cm}^2$，在高激光能量密度的作用下，金属粉末完全熔化，经散热冷却后可实现与固体金属冶金焊合成型。

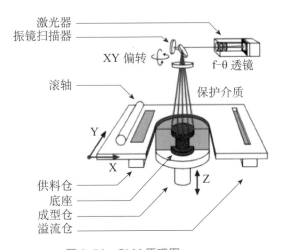

图 2-56 SLM 原理图

6.2　SLM 工艺流程

根据成型件三维 CAD 模型的分层切片信息，扫描系统（振镜）控制激光束作用于待成型区域内的粉末。一层扫描完毕后，活塞缸内的活塞会下降一个层厚的距离；接着送粉系统输送一定量的粉末，铺粉系统的辊子铺展一层厚的粉末沉积于已成型层之上。然后，重复上述两个成型过程，直至所有三维 CAD 模型的切片层全部扫描完毕。这样，三维 CAD 模型通过逐层累积方式直接成型金属零件。最后，活塞上推，从成型装备中取出零件。至此，SLM 金属粉末直接成型金属零件的全部过程结束。

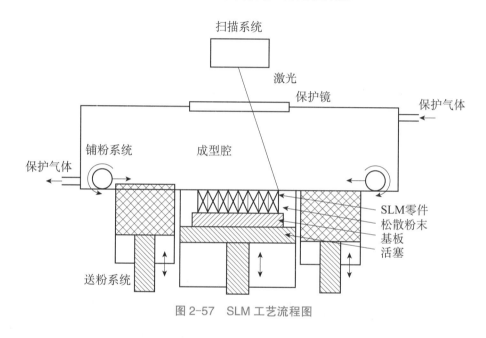

图 2-57　SLM 工艺流程图

6.3　SLM 与 SLS 的区别

SLM 的工作原理与 SLS 相似，区别在于，SLM 使用金属粉末代替 SLS 中的高分子聚合物作为黏合剂，一步直接形成多孔性低的成品，不需要 SLS 技术中的渗透。SLS 是选择性激光烧结，所用的金属材料是经过处理的与低熔点金属或者高分子材料的混合粉末，在加工的过程中低熔点的材料熔化，但高熔点的金属粉末是不会熔化的，利用被熔化的材料实现黏结成型，黏合以后通过在熔炉加热聚合物蒸发形成多孔的实体，最后通过渗透低熔点的金属提高密度，减小多孔性。所以，实体存在孔隙，力学性能差，要使用的话还要经过高温重熔。

SLM 是选择性激光熔化，顾名思义就是在加工的过程中用激光使粉体完全熔化，不需要黏结剂，成型的精度和力学性能都要比 SLS 好，用它能直接成型出接近完全致密度的金属零件。SLM 技术克服了选择性激光烧结技术制造金属零件工艺过程复杂的弊端。

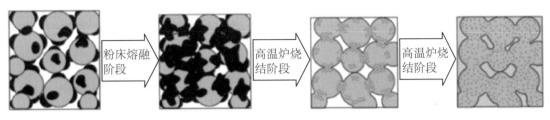

图 2-58 SLS 制造金属工艺

6.4 SLM 材料

可用于 SLM 技术的粉末材料主要分为三类，分别是混合粉末、预合金粉末和单质金属粉末。

1）混合粉末。混合粉末由一定比例的不同粉末混合而成。现有的研究表明，利用 SLM 成型的构件机械性能受致密度、成型均匀度的影响，而目前混合粉的致密度还有待提高。

2）预合金粉末。根据成分不同，可以将预合金粉末分为镍基、钴基、钛基、铁基、钨基、铜基等粉末。研究表明，预合金粉末材料制造的构件致密度可以超过 95%。

3）单质金属粉末。一般单质金属粉末主要为金属钛，其成型性较好，致密度可达到 98%。

6.5 SLM 技术的优势与限制

（1）优势

1）能将 CAD 模型直接制成终端金属产品，只需要简单的后处理或表面处理工艺。

2）适合各种复杂形状的工件，尤其适合内部有复杂异型结构（如空腔、三维网格）、用传统机械加工方法无法制造的复杂工件。

3）能得到具有非平衡态过饱和固溶体及均匀细小金相组织的实体，致密度超过 99%，SLM 零件机械性能与锻造工艺所得相当。

4）使用具有高功率密度的激光器，以光斑很小的激光束加工金属，使得加工出来的金属零件具有很高的尺寸精度（达 0.1 mm）以及很好的表面粗糙度值（Ra=30 um ～ 50 um）。

5）由于激光光斑直径很小，因此能以较低的功率熔化高熔点金属，使得用单一成分的金属粉末来制造零件成为可能，而且可供选用的金属粉末种类也大大拓展了。

6）能采用钛粉、镍基高温合金粉加工，不仅解决了在航空航天中应用广泛的、组织均匀的高温合金零件复杂件加工难的问题，还解决了生物医学上组分连续变化的梯度功能材料的加工问题。

（2）限制

1）SLM 设备十分昂贵，工作效率低。

2）精度和表面质量有限，可通过后期加工提高。

3）大工作台范围内的预热温度场难以控制，工艺软件不完善，制件翘曲变形大，因而无法直接制作大尺寸零件。

4）SLM 技术工艺较复杂，需要加支撑结构。支撑结构的主要作用体现在：一是承接下一层未成型粉末层，防止激光扫描到过厚的金属粉末层，发生塌陷；二是由于成型过程中粉末受热熔化冷却后，内部存在收缩应力，导致零件发生翘曲等，支撑结构连接已成型部分与未成型部分，可有效抑制这种收缩，能使成型件保持应力平衡。

6.6 SLM 应用

目前，SLM 技术主要应用于工业领域，在复杂模具、个性化医学零件、航空航天和汽车等领域具有突出的技术优势。如机械领域的工具及模具（微制造零件、微器件、工具插件、模具等）、生物医疗领域的生物植入零件或替代零件（齿、脊椎骨等）、电子领域的散热器件、航空航天领域的超轻结构件以及梯度功能复合材料零件等。

在航空航天领域，SLM 较多地应用于多品种小批量生产过程，尤其是在研发阶段，SLM 技术具有不可比拟的优势。有些复杂的工件，采用机加工不但浪费时间，而且严重浪费材料，一些复杂结构甚至无法制造；铸造能解决复杂结构的制造问题并提高材料利用率，但钛和镍等特殊材料的铸造工艺非常复杂，制件性能难以控制；锻造可有效提高制件性能，但需要昂贵的精密模具和大型的专用装备，制造成本很高。而采用 SLM 技术则可以很方便、快捷地制造这些复杂工件，在产品开发阶段可以大大缩短样件的加工生产时间，节省大量的开发费用。我国正在全力推进大飞机的研发工作，SLM 技术将会在其中发挥巨大的作用。

图 2-59 SLM 打印的钛合金叶片

图 2-60 SLM 技术制造载人飞船引擎

可以说，SLM 技术代表了快速制造领域的发展方向，运用该技术能直接成型高复杂结构、高尺寸精度、高表面质量的致密金属零件，减少制造金属零件的工艺过程，为产品的设计、生产提供更加快捷的途径，进而加快产品的市场响应速度，更新产品的设计理念和生产周期。SLM 技术在未来将会得到更好、更快的发展。

模块三 3D 打印材料

模块导入

3D 打印材料是 3D 打印技术发展的重要物质基础，在某种程度上，材料的发展决定了 3D 打印能够有更广泛的应用。3D 打印对材料性能的一般要求是有利于快速、精确地加工原型零件；快速成型制件应当接近最终要求，应尽量满足对强度、刚度、耐潮湿性、热稳定性能等的要求；应该有利于后续处理工艺。接下来将带领大家熟悉不同的 3D 打印材料及其性能。

根据材料的化学性能不同，将材料分为树脂类材料、石蜡材料、金属材料、陶瓷材料及复合材料等。

学习目标

- ◆ 了解原型塑料的性能及应用特点
- ◆ 了解高细节树脂的性能及应用特点
- ◆ 了解 SLS 尼龙的性能及应用特点
- ◆ 了解纤维增强尼龙的性能及应用特点
- ◆ 了解刚性不透明塑料的性能及应用特点
- ◆ 了解塑料的性能及应用特点
- ◆ 了解模拟 ABS 的性能及应用特点
- ◆ 了解全彩砂岩的性能及应用特点
- ◆ 了解工业金属的性能及应用特点

1. 原型塑料

1.1　原型塑料简介

刚性塑料适用于快速且具有成本效益的原型，公差为 +/−1mm，打印理论精度在 0.1 mm ～ 1 mm 之间。设计师和工程师进行产品生产与测试设计时，使用原型塑料（包括 ABS、SLA）打印是一种理想的选择。这种材料最经济，目前 3D 打印服务市场价大概为 0.5 元 / 克～ 0.8 元 / 克。

图 3-1　原型塑料打印件

原型塑料适用于市场上最经济实惠的 3D 打印技术 FDM，也是快速和低成本原型设计的理想选择，运用于各种场合。快速的低成本原型方式允许更多的设计迭代，从而能更好地控制设计过程和使最终产品最优化，此外，还能加快产品的上市周期。原型塑料最适用于配合或形状检查，也适用于打印部分功能件，如外壳和管道。

1.2　原型塑料打印设计原则

表 3-1　　　　　　　　　　　　　　　　原型塑料打印设计原则

1～2 mm	浮雕雕刻细节 推荐：顶部和底部 1 mm，垂直墙 2 mm 对于浮雕和雕刻的细节，建议在设计的顶部和底部的最小线厚度为 1 mm，深度为 1 mm，垂直墙壁为 2 mm。 提示：如果要将文字放在设计上，请使用粗体无衬线字体进行设计，如 Arial Bold。
0.8 mm	最小细节尺寸 推荐：0.8 mm 为了用原型塑料制造可见的细节，模型需要至少有 0.8 mm 的细节。

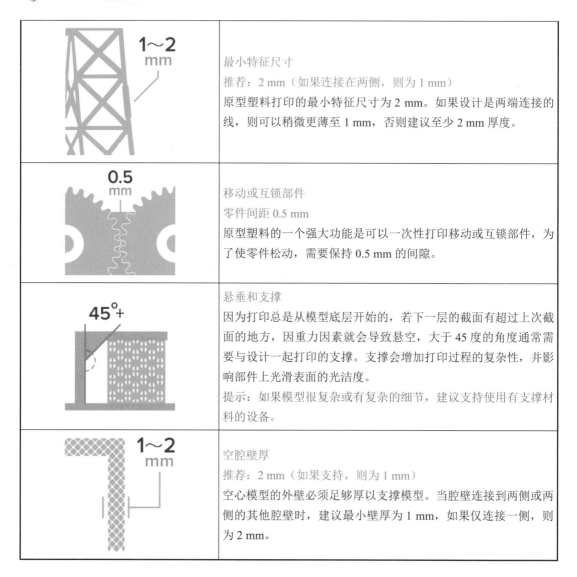

1~2 mm	最小特征尺寸 推荐：2 mm（如果连接在两侧，则为 1 mm） 原型塑料打印的最小特征尺寸为 2 mm。如果设计是两端连接的线，则可以稍微更薄至 1 mm，否则建议至少 2 mm 厚度。
0.5 mm	移动或互锁部件 零件间距 0.5 mm 原型塑料的一个强大功能是可以一次性打印移动或互锁部件，为了使零件松动，需要保持 0.5 mm 的间隙。
45°+	悬垂和支撑 因为打印总是从模型底层开始的，若下一层的截面有超过上次截面的地方，因重力因素就会导致悬空，大于 45 度的角度通常需要与设计一起打印的支撑。支撑会增加打印过程的复杂性，并影响部件上光滑表面的光洁度。 提示：如果模型很复杂或有复杂的细节，建议支持使用有支撑材料的设备。
1~2 mm	空腔壁厚 推荐：2 mm（如果支持，则为 1 mm） 空心模型的外壁必须足够厚以支撑模型。当腔壁连接到两侧或两侧的其他腔壁时，建议最小壁厚为 1 mm，如果仅连接一侧，则为 2 mm。

1.3 高级设计

使用 FDM 打印时要考虑的几个关键如下：

（1）分割模型

通常而言，分割模型可以降低打印复杂性，节省成本和时间。通过简单地将复杂形状分割成单独打印的部分，可以去除需要大量支撑的突出部分。如果需要，一旦打印结束，这些部分可以胶合在一起。

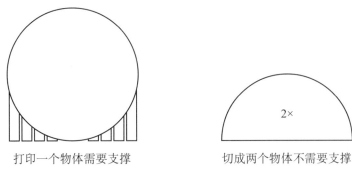

打印一个物体需要支撑   切成两个物体不需要支撑

图 3-2 分割模型以消除对支撑的需要

（2）重新定位孔

在水平轴孔中移除支撑件通常是比较困难的，但是将孔方向旋转 90 度，就会消除对支撑的需要。对于具有不同方向的多孔组件，应优先考虑盲孔，然后确定具有最小到最大直径的孔，即孔尺寸的临界值。

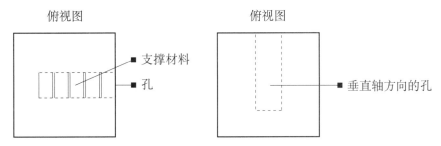

图 3-3 水平轴孔的重新定位可以消除对支撑的需要

（3）指定构建方向

由于 FDM 打印的各向异性，了解组件的应用及其构建方式对于设计的成功至关重要。由于层高方向为叠加方向，FDM 组件在叠加方向上强度较弱，层被打印为圆形或矩形，每层之间的关节实际上是"山谷"，应力较集中，可能会产生裂缝。

如果桥接超过 5 mm，可能会发生支撑材料的下垂。分割设计或后处理可以消除这个问题。

一是对于临界垂直孔直径，如果需要高精度，建议打印后进行钻孔；

二是模型上大于 45 度的面可以不加支撑；

三是 FDM 部件在接触成型平台的所有边缘上做 45 度倒角或倒圆角。

综上，分割模型、重新定位孔和指定构建方向可以降低成本，加快打印过程，提高设计强度和打印质量。

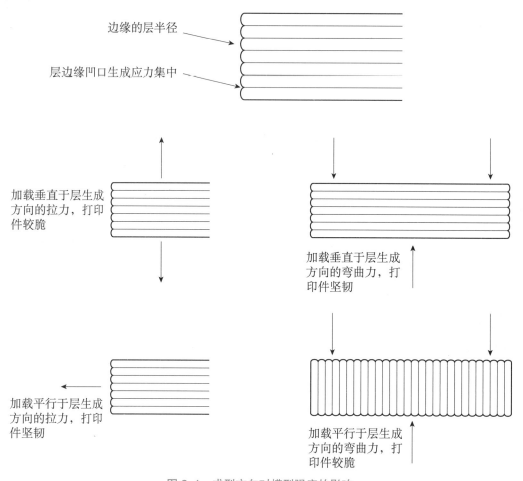

边缘的层半径

层边缘凹口生成应力集中

加载垂直于层生成方向的拉力，打印件较脆

加载垂直于层生成方向的弯曲力，打印件坚韧

加载平行于层生成方向的拉力，打印件坚韧

加载平行于层生成方向的弯曲力，打印件较脆

图 3-4　成型方向对模型强度的影响

2. 高细节树脂

2.1　高细节树脂简介

高细节树脂适用于复杂的设计和具有光滑表面的模型。紫外线固化树脂可以创建清晰的细节，边缘锐利，光洁度高，但颜色选择有限。成型后可以涂漆处理，也可打印半透明部件。

除了尺寸，高细节树脂几乎没有任何设计限制，形状精度最高可达 0.2 mm，是打印复杂设计和雕像的理想选择。高细节树脂使用光固化成型（SLA）或数字光处理（DLP）技术打印，这些工艺生产的零件具有光滑的表面，但通常需要额外的支撑结构用于悬空部分，确保模型打印成功。材料包括一系列光敏树脂，打印具有选择灵活性，如铸造用的蜡型树脂用于制作珠宝首饰，灰色树脂用于制作艺术品等。

图 3-5 高细节树脂成型件

2.2 高细节树脂打印设计原则

表 3-2   高细节树脂打印设计原则

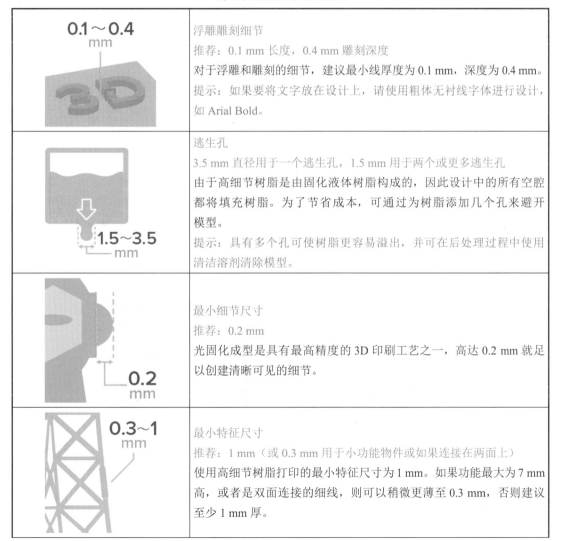

0.1～0.4 mm	浮雕雕刻细节 推荐：0.1 mm 长度，0.4 mm 雕刻深度 对于浮雕和雕刻的细节，建议最小线厚度为 0.1 mm，深度为 0.4 mm。 提示：如果要将文字放在设计上，请使用粗体无衬线字体进行设计，如 Arial Bold。
1.5～3.5 mm	逃生孔 3.5 mm 直径用于一个逃生孔，1.5 mm 用于两个或更多逃生孔 由于高细节树脂是由固化液体树脂构成的，因此设计中的所有空腔都将填充树脂。为了节省成本，可通过为树脂添加几个孔来避开模型。 提示：具有多个孔可使树脂更容易溢出，并可在后处理过程中使用清洁溶剂清除模型。
0.2 mm	最小细节尺寸 推荐：0.2 mm 光固化成型是具有最高精度的 3D 印刷工艺之一，高达 0.2 mm 就足以创建清晰可见的细节。
0.3～1 mm	最小特征尺寸 推荐：1 mm（或 0.3 mm 用于小功能物件或如果连接在两面上） 使用高细节树脂打印的最小特征尺寸为 1 mm。如果功能最大为 7 mm 高，或者是双面连接的细线，则可以稍微更薄至 0.3 mm，否则建议至少 1 mm 厚。

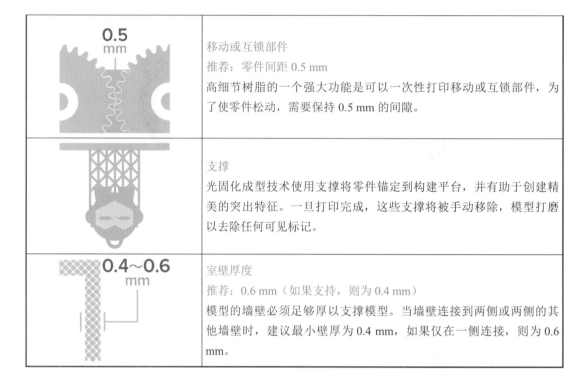 0.5 mm	移动或互锁部件 推荐：零件间距 0.5 mm 高细节树脂的一个强大功能是可以一次性打印移动或互锁部件，为了使零件松动，需要保持 0.5 mm 的间隙。
	支撑 光固化成型技术使用支撑将零件锚定到构建平台，并有助于创建精美的突出特征。一旦打印完成，这些支撑将被手动移除，模型打磨以去除任何可见标记。
0.4~0.6 mm	室壁厚度 推荐：0.6 mm（如果支持，则为 0.4 mm） 模型的墙壁必须足够厚以支撑模型。当墙壁连接到两侧或两侧的其他墙壁时，建议最小壁厚为 0.4 mm，如果仅在一侧连接，则为 0.6 mm。

3. SLS 尼龙

3.1　SLS 尼龙简介

SLS 使用激光成型，首先形成极薄的粉末材料层，然后通过将尼龙粉末与激光融合在一起打印，最后形成一个坚实的结构。该方法的优点在于 SLS 制造复杂的形状时，多余的未熔化的粉末在打印时可作为成型结构的支撑，不需要额外的支撑。SLS 尼龙采用选择性激光烧结技术打印。

图 3-6　SLS 打印件

适用：1）功能原型和终端产品；

　　　2）复杂的设计与复杂的细节；

　　　3）移动和组装零件。

限制：设计中的空腔（除非使用逃生孔）。

3.2 SLS 尼龙打印设计原则

表 3-3   SLS 尼龙打印设计原则

	浮雕雕刻细节 推荐：0.5 mm 对于浮雕和雕刻的细节，建议最小厚度为 0.5 mm，深度为 0.5 mm。 提示：如果要将文字放在设计上，请使用粗体无衬线字体进行设计，如 Arial Bold。
	逃生孔 推荐：1 个逃生孔直径 4 mm，两个或更多逃生孔直径 2 mm 由于 SLS 尼龙是由粉末组成的，设计中的所有空腔打印都将被粉末填充。空腔设计可以节省成本，增加一些孔洞，可以让粉末逃逸。 提示：具有多个孔可使粉末更容易逃逸。
	最小细节尺寸 推荐：0.2 mm 选择性激光烧结是具有最高精度的 3D 打印工艺之一，高达 0.2 mm，足以创建清晰可见的细节。
	最小特征尺寸 推荐：0.8 mm（或 1 mm，如果连接在一侧） 使用 SLS 尼龙打印的最小特征尺寸为 1 mm。如果是双面连接的细线，则可以设计更薄至 0.8 mm，否则建议至少 1 mm 厚。
	移动或互锁部件 推荐：零件间距 0.5 mm SLS 尼龙的一个强大功能是可以一次性打印移动部件，为了使零件松动，需要保持 0.5 mm 的间隙。 提示：如果有长轴上的移动部件，如轴或铰链，则需要增加间隙或创建额外的逃生孔，以使粉末脱落。
	不需要支撑 SLS 尼龙通过将尼龙粉末与激光融合在一起打印。粉末可作为支撑材料，因此不需要支撑结构，可提供最大限度的造型自由。
	空腔壁厚 3D 模型的壁厚必须足够厚以支撑模型。较大的物体建议壁厚 1.0 mm，较小的物体可以使用较小的壁厚 0.8 mm。

4. 纤维增强尼龙

4.1 纤维增强尼龙简介

纤维增强尼龙（又称玻纤尼龙）材料用于打印具有金属强度的零件。得益于 Markforged 的连续纤维制造工艺，现在可以使用比 6061-T6 铝更高的强度，同重量比下，3D 打印件强度高达 27 倍，比 ABS 强 24 倍。

可用的材料包括碳纤维、凯夫拉尔纤维（防弹材料）和玻璃纤维增强尼龙，此类材料有助于优化模型强度、刚度、重量和耐温性。

纤维增强尼龙材料使用连续长丝制造（CFF）技术打印，CFF 基于通用的 FDM 技术。打印头通过将其穿过加热的喷嘴将一串固体材料（尼龙）熔化，然后将其放置在精确的位置，立即冷却并固化。不同的是 CFF 的第二个打印喷头通过在层内嵌入连续的碳纤维、凯夫拉尔或玻璃纤维来加强打印的尼龙。利用复合材料的特性使零件产生惊人的坚固性，整个物体的任何部分都能承受高负载。

图 3-7　CFF 3D 打印机　　　　　　　图 3-8　纤维增强尼龙打印的无人机

适用：1）工程零件；

　　　2）定制终端生产零件；

　　　3）功能原型和测试；

　　　4）结构件；

　　　5）钻模、夹具等工具。

限制：不适用于具有复杂细节的小部件。

4.2　纤维增强尼龙打印设计原则

表 3-4	纤维增强尼龙打印设计原则
	没有小而复杂的零件 为了增强物体的强度，CFF 技术在尼龙层内嵌入一条连续的纤维材料。这种纤维束需要在每层中足够长才能提供部件的强度，因此它不能放置在小物体或复杂部件中。 提示：如果模型很小或有复杂的细节，建议使用不同的材料。
	最小细节尺寸 推荐：0.8 mm 为了用纤维增强尼龙制造可见的细节，模型需要至少有 0.8 mm 的细节设计。
	最小特征尺寸 推荐：3 mm（如果零件不需要增强，则 1.6 mm） 纤维增强尼龙具有两种不同的最小特征尺寸：一种是仅使用纯尼龙，另一种是用纤维打印的零件。纯尼龙部件的最小特征尺寸为 1.6 mm，而纤维增强零件最少需要 3 mm，方便将纤维铺设在外壳层之间。
	移动或互锁零件 推荐：零件间距 0.5 mm 纤维增强尼龙的一个强大功能是可以一次打印移动或互锁部件。为了使零件松动，需要保持 0.5 mm 的间隙。 提示：用于半柔性应用中的高强度或需要高抗冲击性可选择 Kevlar 复合长丝材料。
	悬壁结构和支撑 因为每个层需要建立在上一层之上，所以 40 度以上的角度通常需要设计支撑一起打印。支撑对设计不是固有的，但它们增加了打印过程的复杂性，影响悬垂部件上光滑表面的光洁度。
	腔壁厚度 推荐：3 mm（如果零件不需要增强，则 1.6 mm） 纤维增强尼龙有两种不同的最小壁厚，这取决于是用纯尼龙还是用纤维打印。纯尼龙部件的最小值为 1.6 mm，而纤维增强部件最少需要 3 mm，以便在两层之间铺设纤维。 提示：腔壁越厚，打印机越可以放下更多的纤维来加强物体。

5. 刚性不透明塑料

5.1 刚性不透明塑料简介

刚性不透明塑料（Vero）是定位逼真原型的材料，它提供优秀的细节、高精度和光滑的表面光洁度，高达 16 μm 的层高精度。使用刚性不透明塑料，可以打印有吸引力的原型。刚性不透明塑料使用 PolyJet 3D 技术打印。PolyJet 3D 打印类似于喷墨打印，但不是将墨滴到纸上，这种 3D 打印机将液体光聚合物的层喷射到构建平台上，并利用紫外线使之立即固化，完全固化的物体可以立即处理和使用。PolyJet 构建模型每层使用 16 μm，比人的头发更细，可以以惊人的细节和高精度生产功能性原型。以上特点使 PolyJet 打印的模型具有逼真的原型以及形状，是功能测试的理想选择。另外，还提供不同颜色材料。

图 3-9　PolyJet Connex 500 3D 打印机

图 3-10　光学工具原型

图 3-11　汽车通风口

适用：1）精细细节模型，表面光滑；

　　　2）模型外形逼真，适合测试；

　　　3）销售、营销和展示模式；

　　　4）移动和组装零件。

限制：最终产品对紫外线敏感。

5.2　刚性不透明塑料打印设计原则

表 3-5	刚性不透明塑料打印设计原则
0.5 mm	**浮雕雕刻细节** 推荐：0.5 mm 对于浮雕和雕刻的细节，建议最小厚度为 0.5 mm，深度为 0.5 mm。 提示：如果要将文字放在设计上，请使用粗体无衬线字体进行设计，如 Arial Bold。
0.2 mm	**最小细节尺寸** 推荐：0.2 mm PolyJet 是具有最高精度的 3D 打印工艺之一，高达 0.2 mm，足以创建清晰可见的细节。
1 mm	**最小特征尺寸** 推荐：1 mm 细线或不支撑的特征必须至少为 1 mm 厚，因为材料需要后处理，其中较小的特征可能破裂。
0.4 mm	**移动或互锁部件** 推荐：零件间距 0.4 mm PolyJet 的一个强大功能是可以打印移动和互锁部件，建议在每个设计的表面之间保持 0.4 mm 的最小间距。
1 mm	**腔体壁厚** 推荐：1 mm 模型的腔壁必须足够厚以支撑模型。对于较大的物体，建议使用 1 mm 或更大的壁厚。
	水溶性支撑 PolyJet 打印机使用专门设计用于在打印过程中支撑复杂几何形状的水溶性支撑结构。它不留下残留物，不影响最终打印品的视觉性能。

6. 橡胶状塑料

6.1 橡胶状塑料简介

橡胶状塑料包括类橡胶塑料和类橡胶树脂。

（1）类橡胶塑料

使用类橡胶塑料可以模拟各种弹性体特性的橡胶，测量指标包括邵氏硬度、断裂伸长率、抗撕裂强度和拉伸强度。这种材料可以模拟各种产品，如消费电子、医疗设备和汽车内饰上的防滑或柔软表面。类橡胶塑料使用 PolyJet 3D 打印工艺。

适用：1）具有各种弹性的精细模型（邵氏硬度 HRA27-95）；

2）软触摸涂层，表面防滑；

3）细节细腻，表面光滑；

4）包覆成型的橡胶般固体物体。

限制：最终产品对紫外线敏感。

类橡胶塑料配合 PolyJet 工艺，与刚性不透明塑料打印设计原则一致。

（2）类橡胶树脂

类橡胶树脂是在高强度挤压和反复拉伸下表现出优秀弹性的材料。Formlabs 的弹性树脂是非常柔软的橡胶类材料，打印比较薄的层厚时会很柔软，打印比较厚的层厚时会变得非常有弹性和耐冲击。它的应用的可能性是无止境的。这种新材料将应用于制造铰链、减震、接触面以及其他工程领域，适合有趣的创意和设计群体。

国内塑成科技也推出了弹性聚氨酯树脂 ZZ，被产用于减震器材、垫圈、密封类器件的制作中。

图 3-12　弹性树脂打印的轮胎与鞋垫

类橡胶树脂配合光固化成型设备，与高细节树脂打印设计原则一致。

6.2　橡胶状塑料打印设计原则

表 3-6　　　　　　　　　　　　　　　　　橡胶状塑料打印设计原则

0.5 mm	**浮雕雕刻细节** 推荐：0.5 mm 对于浮雕和雕刻的细节，建议最小线厚度为 0.5 mm，深度为 0.5 mm。 提示：如果要将文字放在设计上，请使用粗体无衬线字体进行设计，如 Arial Bold。
0.2 mm	**最小细节尺寸** 推荐：0.2 mm PolyJet 是具有最高精度的 3D 打印技术之一，高达 0.2 mm，足以创建清晰可见的细节。
1 mm	**最小特征尺寸** 推荐：1 mm 细线或不支撑的特征必须至少为 1 mm 厚，因为材料需要后处理，其中较小的特征可能破裂。
0.4 mm	**移动或互锁部件** 推荐：零件间距 0.4 mm PolyJet 的一个强大功能是可以在一个会话中打印移动和互锁部件，建议在每个设计的表面之间保持 0.4 mm 的最小间距。
1 mm	**室壁厚度** 推荐：1 mm 模型的墙壁必须足够厚以支持模型。对于较大的物体，建议使用 1 mm 或更大的壁厚。
	水溶性载体 PolyJet 打印机使用专门设计用于在打印过程中支持复杂几何形状的水溶性支撑结构。它不留下残留物，不影响最终打印品的视觉性能。

7. 透明塑料

7.1 透明塑料简介

透明塑料是可用的透明的 3D 打印材料之一，同时拥有高透性、高精度和光滑的表面光洁度。这种材料非常适用于透视部件的形状、配合测试及精细细节模型构建，有助于将产品透明化，如配合医疗设备使用的护目镜。

透明塑料采用 PolyJet 技术打印。

适用：1）透明部件的形状和配合测试，如玻璃消费品、眼镜、照明罩和表壳；

2）精细细节模型，表面光滑；

3）销售、营销和展示模式；

4）医疗或科学的可视化。

限制：最终产品对紫外线敏感。

此外，透明树脂使用光固化技术（SLA 或 DLP）打印成型，基本性质与透明塑料一致。

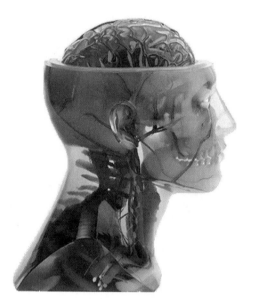

图 3-13 医疗模型可视化

7.2 透明塑料打印设计原则

表 3-7　　　　　　　　　　透明塑料打印设计原则

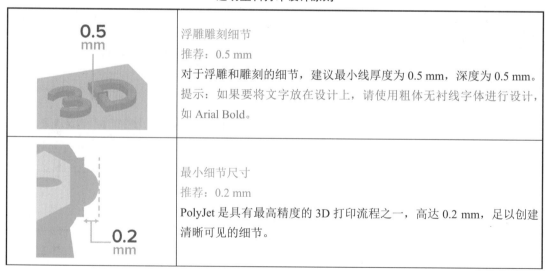

0.5 mm	浮雕雕刻细节 推荐：0.5 mm 对于浮雕和雕刻的细节，建议最小线厚度为 0.5 mm，深度为 0.5 mm。 提示：如果要将文字放在设计上，请使用粗体无衬线字体进行设计，如 Arial Bold。
0.2 mm	最小细节尺寸 推荐：0.2 mm PolyJet 是具有最高精度的 3D 打印流程之一，高达 0.2 mm，足以创建清晰可见的细节。

	最小特征尺寸 推荐：1 mm 细线或不支撑的特征必须至少为 1 mm 厚，因为材料需要后处理，其中较小的特征可能破裂。
	移动或互锁部件 推荐：零件间距 0.4 mm PolyJet 的一个强大功能是可以在一个会话中打印移动和互锁部件，建议在每个设计的表面之间保持 0.4 mm 的最小间距。
	室壁厚度 推荐：1 mm 模型的墙壁必须足够厚以支持模型。对于较大的物体，建议使用 1 mm 或更大的壁厚。
	水溶性载体 PolyJet 打印机使用专门设计用于在打印过程中支持复杂几何形状的水溶性支撑结构。它不留下残留物，不影响最终打印品的视觉性能。

8. 模拟 ABS

8.1 模拟 ABS 简介

高精度功能（注塑）模具具有 ABS 的韧性。模拟 ABS 设计用于结合强度与耐高温性来模仿 ABS 工程塑料。它提供高抗冲击性和抗震性以及美观的光滑表面光洁度。使用模拟 ABS，可以创建高精度工程工具以及坚固耐用的原型。它是生产高精度注塑模具最快速、最经济实惠的方法，用于 10 ～ 100 个小型注塑成型。

适用：1）模具，包括注塑模具；

2）坚韧耐热的原型；

3）精细细节模型，表面光滑；

4）形状适合功能测试。

限制：最终产品对紫外线敏感。

PolyJet 3D 打印类似于喷墨打印，而不是将墨滴到纸上，这类 3D 打印机将液体光聚合物的层喷射到构建托盘上，并利用紫外线使之立即固化，结果是完全固化的物体，可以立即处理和使用。

8.2 模拟 ABS 打印设计原则

表 3-8   模拟 ABS 打印设计原则

图示	说明
0.5 mm	浮雕雕刻细节 推荐：0.5 mm 对于浮雕和雕刻的细节，建议最小线厚度为 0.5 mm，深度为 0.5 mm。 提示：如果要将文字放在设计上，请使用粗体无衬线字体进行设计，如 Arial Bold。
0.2 mm	最小细节尺寸 推荐：0.2 mm PolyJet 是具有最高精度的 3D 打印流程之一，高达 0.2 mm，足以创建清晰可见的细节。
1 mm	最小特征尺寸 推荐：1 mm 细线或不支撑的特征必须至少为 1 mm 厚，因为材料需要后处理，其中较小的特征可能破裂。
0.4 mm	移动或互锁部件 推荐：零件间距 0.4 mm PolyJet 的一个强大功能是可以在一个会话中打印移动和互锁部件。建议在每个设计的表面之间保持 0.4 mm 的最小间距。
1 mm	室壁厚度 推荐：1 mm 模型的墙壁必须足够厚以支持模型。对于较大的物体，建议使用 1 mm 或更大的壁厚。

	水溶性载体 PolyJet 打印机使用专门设计用于在打印过程中支持复杂几何形状的水溶性支撑结构。它不留下残留物，不影响最终打印品的视觉性能。

9. 全彩砂岩

9.1 全彩砂岩简介

利用全彩砂岩可以打印逼真的全彩（比例）模型和雕塑，是一种表面有彩色纹理的石膏，是逼真、全彩色打印的最佳选择。理想的专业（规模）模型是建筑、产品设计和美术。由于材料的脆性，全彩砂岩不允许突出特征小于 3 mm，腔体壁也要宽于 2 mm。

可应用黏结剂喷射技术打印全彩砂岩，使用黏结剂喷射薄层粉末，从喷嘴中挤出的彩色黏合剂将粉末黏合在一起建立 3D 模型。该方法的优点在于，多余的未熔化粉末在其被制造时用作对结构的支撑，允许其制造复杂的形状，并且不需要额外的支撑。

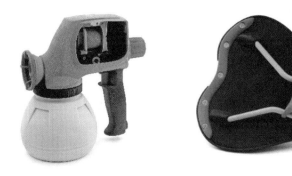

图 3-14 黏结剂喷射技术打印的喷涂装置和自行车座

适用：1）建筑模型；

2）逼真的雕塑礼物和纪念品；

3）复杂的模型。

限制：功能部件复杂的模型不适用。

9.2 全彩砂岩打印设计原则

表 3-9 全彩砂岩打印设计原则

0.4 mm	**浮雕雕刻细节** 推荐：0.4 mm 对于浮雕和雕刻细节，建议最小厚度为 0.4 mm，深度为 0.4 mm。 提示：如果要将文字放在设计上，请使用粗体无衬线字体进行设计，如 Arial Bold。
1.5～2.5 mm	**逃生孔** 推荐：一个逃生孔直径 2.5 mm，两个或更多逃生孔直径 1.5 mm 由于全彩砂岩由粉末组成，因此设计中的所有空腔都将被粉末填充。为了节省成本，可增加一些孔洞，可以让模型镂空。 提示：具有多个孔洞可使粉末更容易逃逸。
0.4 mm	**最小细节尺寸** 推荐：0.4 mm 黏合剂喷射是具有最高精度的 3D 打印过程之一，高达 0.4 mm，足以创建清晰可见的细节。
2～3 mm	**最小特征尺寸** 推荐：3 mm（如果连接在两面上，则为 2 mm） 全彩砂岩打印的最小特征尺寸为 3 mm。如果您的功能是双面连接的细线，则可以稍微更薄至 2 mm，否则我们建议至少 3 mm 厚度。
0.9 mm	**移动或互锁部件** 推荐：零件间距 0.9 mm 全彩砂岩的一个强大功能是可以一次打印移动或互锁部件，为了使零件松动，需要保持 0.9 mm 的间隙。 提示：如果有长轴上的移动部件，如轴或铰链，则需要增加间隙或创建额外的逃生孔，以使粉末脱落。
	不需要支撑 全彩砂岩通过使用黏结剂将粉末材料结合在一起而打印。粉末作为支撑材料，同时创建打印品，因此不需要支撑结构，可提供最大限度的造型自由。

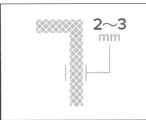	腔体壁厚 推荐：3 mm（如果支持，则为 2 mm） 模型的腔壁必须足够厚以支撑模型。当腔壁连接到两侧或多侧的其他腔壁时，建议最小壁厚为 2 mm，如果仅连接一侧，则为 3 mm。

10. 工业金属

10.1　工业金属简介

　　工业金属是指用于原型和最终用途零件的工业领域的金属或合金。直接金属 3D 打印允许使用各种金属和合金创建功能原型和机械零件。

　　工业金属由金属粉末激光烧结成型，可用材料包括铝、不锈钢、青铜和钴铬。应用选择性激光熔化（SLM）技术打印金属，通过使用高功率激光选择性地熔融薄层粉末材料以构建物体，该过程发生在低氧环境中，以减少热应力并防止翘曲。

　　从原型制造到最终使用部件，工业金属最适用于高科技、低批量产品。金属 3D 打印在化学成分、机械性能（静态和疲劳）以及微观结构方面可与传统制造的零件相媲美。

图 3-15　SLM 打印的飞机支架

图 3-16　SLM 打印的端盖

适用：1）功能原型和最终用途部件；

　　　2）复杂的设计与复杂的细节；

　　　3）机械零件；

　　　4）移动和组装零件。

限制：设计中的空腔（除非使用逃生孔）。

10.2 工业金属打印设计原则

表 3-10　　　　　　　　　　　　工业金属打印设计原则

1 mm	**浮雕雕刻细节** 推荐：1 mm 对于浮雕和雕刻细节，建议最小厚度为 1 mm，深度为 1 mm。 提示：如果要将文字放在设计上，请使用粗体无衬线字体进行设计，如 Arial Bold。
2 mm	**逃生孔** 推荐：2 mm 直径用于一个逃生孔 由于金属是由粉末组成的，因此设计中的所有空腔都将被粉末填充。为了节省成本，可增加一些孔洞，让模型镂空。 提示：具有多个孔可使粉末更容易逃逸。
1 mm	**最小细节尺寸** 推荐：1 mm 金属打印精度较高，高达 1 mm，足以创建清晰可见的细节。
1~3 mm	**最小特征尺寸** 推荐：3 mm（1 mm 用于小型对象或连接在两面上） 使用金属打印的最小特征尺寸为 3 mm。如果模型更小或者是双面连接的细线，则可以稍微更薄至 1 mm，否则建议至少 3 mm 厚度。
	不需要支撑 通过使用黏合剂将粉末材料结合在一起打印的金属。粉末作为支撑材料，同时建立打印品，因此不需要支撑结构，可提供最大限度的形式自由。
2~3 mm	**腔体壁厚** 推荐：3 mm（如果支持，则为 2 mm） 模型的腔壁必须足够厚以支撑模型。当腔壁连接到两侧或多侧的其他腔壁时，建议最小壁厚为 2 mm，如果仅连接一侧，则为 3 mm。

# 模块四　3D 打印的应用领域及范围

3D 打印在如今的现实生活中已经得到广泛应用。2014 年初，欧洲的医生和工程师就曾利用 3D 打印制造一个人造下颚，替换病人的受损下颚，数天后，病人从手术中恢复过来。青岛一家公司发明了一款用于打印巧克力的 3D 打印机，客户可以根据自己的想法设计视频，随心所欲地享受各种甜点。更为神奇的是，苏州一家科技公司在 2014 年 3 月使用一台 3D 打印机在 24 小时内打印了楼房，无须人工、无须脚手架就能完成建房任务。神奇的 3D 打印在工业制造、医疗、建筑、消费、教育等领域产生了巨大的作用。

学习目标

- ◆ 了解 3D 打印与工业制造
- ◆ 了解 3D 打印与医疗应用
- ◆ 了解 3D 打印与建筑应用
- ◆ 了解 3D 打印与大众消费
- ◆ 了解 3D 打印与教育应用

1. 3D 打印与工业制造

1.1 模具制造

模具是现代工业生产中的重要装备，其制造水平直接决定产品的质量、效益和新产品的研发能力。传统模具的制造方法很多，如数控铣削加工、成形磨削、电火花加工、线切割加工、铸造模具、电解加工、电铸加工、压力加工和照相腐蚀等。但是，这些方法在制造复杂结构模具时存在周期长、成本高等问题。随着国际竞争加剧和市场全球化发展，产品更新换代加快，多品种、小批量成为模具行业的重要生产方式。这种生产方式要求缩短模具制造周期、降低模具制造成本。增材制造作为一种重要的数字化制造技术，可以由三维数字模型直接成形任意复杂实体结构，省去了传统的材料去除制造方法中使用的刀具、工装、冷却液和其他辅助装置，在产品单件或小批量生产方面具有显著的成本和效率优势。因此，3D 打印技术广泛应用于模具工业，推动了复杂结构模具数字化制造的技术进步。

目前，能够制造复杂结构模具的 3D 打印技术主要有：光固化成型（SLA）、选择性激光烧结（SLS）、熔融沉积快速成型（FDM）、三维打印成型（3DP）、箔材叠层制造成型（LOM）、选择性激光熔化（SLM）。

利用 3D 打印技术实现模具快速制造的方法有两种：直接制模法和间接制模法。直接制模法是指利用 3D 打印技术直接由模具 CAD 数字模型制造模具本身，然后进行必要的后处理以获得模具所必需的力学性能、几何尺寸精度和表面质量。目前，能够直接制造模具的 3D 打印技术主要有 SLM、3DP、SLS 和 LOM。间接制模法是指将 3D 打印技术与传统模具翻制技术相结合来制造模具。目前，用于间接制模法的 3D 打印技术主要有 SLA、FDM、LOM 和 SLS。

 案例 4-1

中空模具——3D 打印打开模具设计与制造的新空间

金属 3D 打印最有效的应用领域在哪里？毫无疑问，注塑模具是其中之一。虽然我们的想象力仍然制约着这项技术潜力的发挥，然而惊喜还是不断出现，而且最好的应用往往是那些无法通过传统加工方式来实现的产品。

位于美国密歇根州的 PTI 专注于生产注塑成型的塑料零件，它为汽车制造商和医疗设备制造商提供注塑成型服务以帮助这些制造商应对各种挑战。PTI 意识到金属 3D 打印在注塑模具成型领域有更多的潜力可以挖掘。PTI 尝试通过增材制造来加工随形冷却的注塑模具，即通过粉末床 3D 打印技术来加工内部含弯曲冷却通道的模具，从而取代传统的钻孔方式，实现模具在注塑过程中的快速冷却，结果提高了模具的冷却效果和速度。这方面，不仅国外，国内如上海悦瑞等企业在 3D 打印随形冷却模具方面也积累了多年的经验。

图 4-1　PTI 的注塑车间

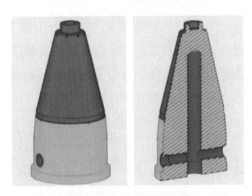

图 4-2　原来的模具设计

针对 PTI 的注塑产品，PTI 进行了更加大胆的想象：能不能舍弃内部通道而采取中空模具呢？因为增材制造中空模具会更加快速、价格更低。

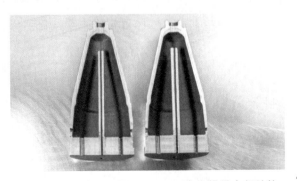

图 4-3　PTI 中空模具内部结构

可以肯定的是，中空模具听起来是不可思议的。中空模具就意味模具是轻量级的，但因为模具需要承受注塑成型的高压力，所以人们印象中的模具必须是沉重的、结实的。PTI 运用 3D 打印技术所制造的工具钢材料的中空模具是用于医疗行业的，该模具有 7 英寸高。通过仿真数学分析发现，这种薄壁的中空模具可以提供注塑所需的强度。

图 4-4　PTI 中空模具外型

模具制造完成后就进入了注塑环节，PTI 的工程师已经做好了中空模具在高压的注塑条件下产生裂纹的应对准备，然而，与仿真结果一致的是，中空模具并没有产生裂纹，相反却工作得很好。即使在最初的测试过程中发现了一些问题，中空模具仍然有效地工作，这足以证明这种想法是有前途的。不仅如此，注塑的节拍也从原来的46.5 秒减少到 41.5 秒。

当然，许多研究人员认为由此就得出中空模具有多大的应用空间的结论太快了，还需要测试更多的不同形状、不同大小以及不同壁厚的情况。而下一步，不管是采用随形冷却模具还是中空模具，可以肯定的一点是，3D 打印在注塑模具领域的发挥空间将越来越大。

另外，值得一提的是中空模具在注塑过程中所用到的冷却介质不是水，而是液态二氧化碳。便携式的、可编程的二氧化碳输送系统是由林德工业气体提供的。液态二氧化碳实现了快速均匀的冷却效果。

1.2　产品制造

目前，一款新产品的开发周期是非常长的，由于产品的复杂性设计，成本高居不下。通常而言，新产品的设计包含概念模型设计、功能模型设计、成品设计、改进设计等过程。上述产品设计过程中单一中间产品模型的加工和制造成本非常高，复杂产品需要制作专用模具和特有的加工工艺，造成了成本高昂。利用 3D 打印技术在设计初期便可构建实体模型，可实现设计物件的结构、外形和功效的检查，以进行设计的反馈和修改。通过反复构造、检查和优化改进设计，直至设计出最好的概念模型，加速产品开发流程的同时，降低了成本、加快了产品开发周期，在实体加工实验的情况下提高了产品设计的可靠性和安全性。

 案例 4-2

<h2 style="text-align:center">3D 打印模具用于壳体和叶轮零件的制造</h2>

　　汽车核心零部件如泵体、阀体、壳体，以及能源行业的闭式叶轮，这些是与复杂、高精度、难加工紧密联系的技术高地。

　　三维打印成型技术（3DP）的特点是工业级效率、速度快、精度高、允许大尺寸打印，不仅可以打印砂模，还可以打印 PMMA 材料。可以说，3DP 技术与生俱来就适用于高端工业产品制造，尤其是快速试制和小批量生产领域。下文结合 Voxeljet（维捷）公司在国外的几个典型应用案例，盘点 3DP 技术在复杂的关键零部件领域的精彩应用。

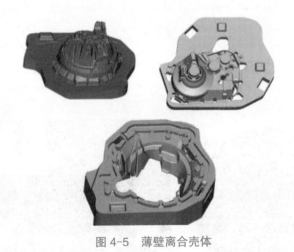

图 4-5　薄壁离合壳体

1. 薄壁离合器壳体

　　铸造薄壁结构的零件，尤其是薄壁离合器壳体，对砂型制造提出了很大的挑战。Voxeljet 与 Koncast 通过 3D 打印砂模、铸造离合器外壳的方法，在不到 5 天的时间就解决了这一技术难题。

　　这款铝制离合器箱是用来做设计验证过程中的原型，尺寸为 465 毫米 ×390 毫米

×175 毫米，重 7.6 千克。通过 Voxeljet 的 3D 打印机来完成砂模制作，研究人员选用了高质量的 GS09 砂来达到极薄的壁厚打印。更优质的砂带来了更精细的分辨率，并提供了最佳的铸造表面质量。在 Z 轴方向上，精度是使用标准砂的两倍。

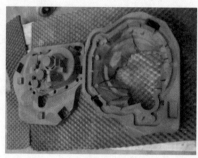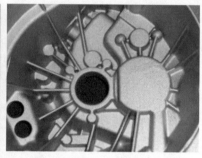

图 4-6　铝制离合器箱

铸造过程采用的是合金，温度达到了 790℃。这个过程生产的离合器与后面测试通过后批量生产的零件是完全一致的。Koncast 也从中获得了巨大的时间和成本优势，因为在这个过程中不需要前期开模的刀具准备，避免了木模的制造成本。

2. 弗朗西斯型水轮机叶轮的快速迭代

对于叶轮的设计迭代来说，每一个新的几何形状的设计都关乎水轮机的工作性能。而由于 3D 打印砂模技术带来的快捷性，现在铸造厂只需要把新设计的叶轮模型 CAD 数据发送到 Voxeljet 即可。

图 4-7　弗朗西斯型水轮机叶轮

Voxeljet 工程师收到设计模型的数据后会做一项检查，随后这些数据处理并被 3D 打印设备读取，短短的几个小时内，叶轮的砂型就被设备打印出来了。打印工作完成后，多余的沙子被去除，然后通过压缩空气来清洗砂型，随后运到铸造厂。在铸造厂，这些砂型模具被涂黑，组装完成好的砂模被送至 1 650℃ 的铸造环境下，来铸造耐腐蚀不锈钢材料的叶轮。

　　这个过程主要用于叶轮原型的生产，因为 3D 打印砂型不需要使用传统的方法来生产昂贵的砂型模具，节省了大量的成本，而且当新的设计迭代要求做出改变时，只需要点击鼠标，新的砂型又可以开始生产了。

图 4-8　弗朗西斯型水轮机叶轮细节

　　与传统的先制造木模再生产砂型的方法不同的是，3D 打印还带来了设计的自由度。传统方式下制造叶轮，由于叶轮设计弧度的问题，常常不得不将叶轮分为几部分来生产以解决干涉问题，而通过 3D 打印，这些复杂的设计可以被完整地制造出来。

　　3P 打印使得铸造精度更高，并降低了清洗要求，减少了铸造缺陷。高质量、低成本、短交货期，使得铸造厂越来越依赖 3D 打印的方式来完成砂型制造。

1.3　航空航天

（1）航空领域

　　3D 打印在航空行业主要运用于卫星、运载火箭、火箭发动机等。对于航天器来说，每增加 1 克重量，就会给发射带来很高的成本。3D 打印用于航天零件制造，主要实现航天器结构设计层面的轻量化，一共有 4 种结构（中空夹层 / 薄壁加筋结构、镂空点阵结构、一体化结构、异形拓扑优化结构），轻量化后的零件减重可到 30% 以上，能够给火箭发射等节约几百万元甚至上千万元成本。另外，3D 打印还可以缩短制作周期、节省材料成本，特别是贵重材料钛及碳纤维等。

　　火箭发动机、涡轮泵等零部件采用一体化结构实现轻量化，复杂的结构及形状使传统制造工艺无法制造一体化结构；拓扑优化对原始零件进行了材料的再分配，往往能实现基于减重要求的功能最优化，拓扑优化后的异形结构经过仿真分析完成最终的建模，这些设

计往往是无法通过传统加工方式完成，而通过 3D 打印可轻易实现，支架类零件应用最广泛；目前 20% ~ 35% 的结构件和 30% ~ 45% 的发动机零件是锻造而成的，而后期的结构件机加工带来 70% 以上的余量切除，3D 打印可节省 50% 以上的材料去除率。

 案例 4-3

SpaceX 完成 3D 打印火箭发动机 SuperDraco 的开发测试

在经过数月的严格评估和测试后，SpaceX 公司完成了对 SuperDraco 火箭发动机的开发测试。该发动机将在发射失败时帮助宇航员安全逃生的发射中止系统（LAS）中扮演关键角色。最近，在 SpaceX 公司得克萨斯州开发中心进行测试时，SuperDraco 推进器成功点火了 27 次并通过了各种推进循环的测试。

一直以来，SpaceX 公司都在紧锣密鼓地开发自己的"龙（Dragon）"系列飞船，希望将其作为能够向轨道目的地运送货物和人员的自由飞行航天器。当在 2012 年成为首个将货物送到国际空间站并且安全返回地球的商业性宇宙飞船时，它就创造了历史，要知道在此以前，只有政府才有能力完成这种事情。

图 4-9　SuperDraco 的开发测试

图 4-10　3D 打印 SuperDraco 发动机

虽然"龙"飞船目前的作用只是运送货物，但是 SpaceX 公司表示，其设计一开始就包括了人的运送。另外，该公司与美国宇航局签订了一份协议，包括关键 LAS 系统在内的装置精细化开发，这将令"龙"飞船更安全地将宇航员送入太空。

在设计 SuperDraco 发动机的过程中，为了降低成本、减少浪费并提高制造的总体灵活性，SpaceX 采用了先进的 3D 打印技术。火箭发动机上的一个关键部件——燃烧室，就是通过一台 EOS 金属 3D 打印机使用铬镍铁超合金完整打印出来的。这种超合金具有优异的强度、韧性、抗断裂性以及更高的材料性能稳定性。

图 4-11　发动机 20% ~ 100% 推力测试

这种 3D 打印的发动机被设计为可在 20% ~ 100% 推力的情况下减速并可多次重启。它们将会用在 LAS 系统中以确保乘员舱能够在确定会失败时及时终止，然后安全着陆或降落到海中。不过，尽管 SuperDraco 会经受严格的测试，但为了提升船员的生存率，"龙"飞船还是会配备降落伞。

当然，宇航员的安全无疑是 NASA 在开发载人航天器时需要考虑的头等大事，要知道自从 20 世纪 80 年代"挑战者号"发射失败以来，为了确保宇航员能在各种可能的事故中生存下来，该机构就开发了一套极其严格的测试系统。SpaceX 公司的主要竞争对手波音公司也一直在开发商业载人航天发展项目。

图 4-12　SuperDraco 经受严格的测试

然而，波音公司为其 Starliner 航天器 LAS 系统选择的是更为传统的"火箭发射塔"式设计，而 SpaceX 公司采用的则是一种完全不同的方式，在乘员舱一侧安装四

对 SuperDraco 推进器。

在此次的测试之前，SpaceX 公司就已经于 2015 年 5 月成功完成了紧急终止发射测试。下一步，该公司将继续评估其推进器性能并可能将其用于飞船下降阶段当前降落伞系统的替代品。该公司期望能在未来 2～3 年内进行第一次载人试验飞行。

（2）飞机制造

与很多行业一样，飞机制造商也开始逐步采用 3D 打印技术和快速成型技术来制作飞机零部件，降低制造成本。波音公司已经广泛使用 3D 打印技术制作了 2 万多个零部件。波音 787 梦幻客机已经使用了 30 个 3D 打印零部件。通用电气公司表示，将投资 5 000 万美元为下一代的 LEAP 喷气发动机制作 3D 打印燃料喷嘴。通过增材制造技术可以降低零部件重量。根据研究数据，飞机的重量每减轻一磅，就可以节省 11 000 加仑的燃油。增材制造在全球制造行业的市场份额微乎其微，其在价值 1 500 亿美元的航空航天领域的份额仅为 0.002%。但是，很多分析师表示，在未来十年，3D 打印技术将会带来 20 亿美元的收益。由此可以看出，3D 打印技术在飞机制造领域的应用前景十分广阔。

以下是其未来在飞机制造领域的三大应用：

1）飞机机翼制造。现在，很多飞机的零部件都是使用 3D 打印技术制作的，未来，3D 打印技术将可以制作整个波音飞机的机翼。3D 打印技术在大型零部件的制作上有很大的局限性，因其内部压力的变化，可能会使零部件变形。但是，最近 BAE Systems 发明了一种全新的制作方式，通过超声波可以让金属零部件更加坚固，减少局部压力。

2）复杂零部件制作。通用电气公司已经 3D 打印出了 GE9X 引擎，可以在未来的波音长途客机上使用。3D 打印技术也可以用于原型测试和公差测试等。近日，Autodesk 和 Stratasys 合作，3D 打印出涡轮螺旋桨发动机，展示了 3D 打印技术在发动机零部件制作的前景。

3）无人驾驶航空系统。BAE Systems 公布了 2 000 多个飞机零部件，将 3D 打印技术用于无人机的研究。这一概念将阐释无人机如何检测灾情，将工程数据传回地面指挥中心，3D 打印无人机将会执行救援行动或监控灾情。尽管这仅仅是一个概念化的想法，BAE Systems 仍投入大额资金用于无人机研发，希望可以将概念变为现实。

 案例 4-4

空客在批量化生产的 A350 XWB 系列飞机上安装 3D 打印钛金属零件

钛是一种相对昂贵的材料，3D 打印技术对减少钛金属的浪费起到了重要作用。两大飞机制造商——空客和波音都已尝试通过金属 3D 打印技术直接制造钛合金飞机零部件，从而有效控制钛合金零部件的制造成本。

空客的子公司 Premium AEROTEC 已经完成了对 Norsk Titanium（挪威增材制造）公司的快速等离子沉积设备的系列测试，并将这一技术用于生产空客 A350 XWB 飞机上的钛合金零件。近日，空客宣布首次安装 3D 打印钛金属零件在批量化生产的 A350 XWB 系列飞机上。空客公司已经在其一些系列生产的空客飞机包括 A320 NEO 和 A350 XWB 测试飞机上使用 3D 打印零件，而此次的安装标志着 3D 打印零件首次进入批量化生产的飞机上。

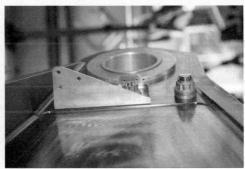

图 4-13　由钛制成的 3D 打印飞机零部件

这款 3D 打印的零部件是由钛制成的支架，可以装配到飞机吊架中，有效地连接机翼和发动机。虽然这款 3D 打印的零件尺寸不大，但它在吊架结构中起着重要的作用。

空客公司的 A350 XWB 飞机是为了容纳 266 ~ 280 名乘客而建造的，并被卡塔尔航空公司、新加坡航空公司和芬兰航空公司等商业航空公司使用。除了现在整合 3D 打印元素之外，这架飞机也被称为是第一架机身和机翼结构主要由碳纤维增强塑料制成的空客飞机。

对于空客来说，将 3D 打印零件推向批量化生产应用仅仅是个开始。空客还在精密的液压零件领域不断努力。

在核心零件方面，空客的努力包括始于 2007 年的 3D 打印扰流板液压歧管项目，当时德国开姆尼茨工业大学和利勃海尔集团在德国政府基金的支持下展开航空液压元件增材制造项目，2010 年空客加入这个项目组。最终的制造方案是通过选择性激光熔化 3D 打印技术制造扰流板液压件，并将 3D 打印部分与其他液压零件装配在一起，3D 打印的材料是 Ti64 钛合金。为了将零件的应用推广到批量化生产领域，项目组正在重新思考如何将扰流板液压件设计成一个完全集成式的增材制造零件，从而进一步简化复杂的液压件制造和装配过程。

在结构件方面，空客与欧特克的 The Living 设计工作室合作，为空客 A320 飞机开发了一个大尺寸的"仿生"机舱隔离结构。该结构名称为 Scalmalloy，是通过新型超强、轻质合金材料使用直接金属激光烧结成型技术 3D 打印而成的。空客发现难点是 3D 打印件之间的连接，热等静压后，空客需要重新测量每片组件，并找到连接的面，然后通过数控铣床的加工来实现组件之间的紧密接合。目前，空客依靠手工作业来完成工序之间的衔接，空客计划将粉末床制造用于 Scalmalloy 组块的生产在两年内推广开来，然而这其中有不少的挑战，如何通过完整的自动化系统将这些工序衔接起来就是挑战之一。空客解决这些零件进入批量化生产的障碍后，将为基于粉末床的激光熔化计划进一步打开市场应用前景。

空客宣布计划在未来飞机上应用一半的 3D 打印零件。当然，这还有很长的路要走（甚至几十年），不过空客将第一个增材制造的零件应用到批量化生产领域，这是空客向其目标迈进的一小步。

目前，还有更多的 3D 打印项目正在筹备和测试中，在空客测试飞机上运行的其他 3D 打印件包括金属舱支架和排气管等。无疑，空客在 3D 打印用于生产批量化零件方面迈出了坚实的一步。而空客在 3D 打印领域不仅有现实领域的想法，又有关于未来飞机的大想法。在空客的设想中，未来飞机是仿生的、舒适的、更加环保的。在这方面，3D 打印与飞机制造的结合有四大切入点：

第一，仿生结构。仿生结构带来材料使用率和力学性能的良好结合，这就是为什么增材制造会走进工厂，这是增材制造的价值所在。3D 打印技术与传统制造方法相比，可使各部件的重量轻 65%。空客的概念飞机极为复杂，需要各种全新的制造方法：从弧形机身到仿生结构，再到能让乘客一览蓝天白云的透明蒙皮。

第二，轻量化。轻量化与仿生结构可以说是密切相关的。采用金属激光熔融技术可制造出极为精细的结构，甚至是骨状的，也就是多孔结构。在未来的飞机设计中，部件将能够有针对性地吸收力线，同时又符合轻量化要求，更耐久、节约资源，这将改变当前航空航天业的成本结构。

第三，部分替代锻造。金属 3D 打印技术特点突出，无须模具的自由近净成形，且全数字化、高柔性，打印的零件材质全致密、没有宏观偏析和缩松，具有较高的性能等都提供了替代航空领域锻造技术的可能。

第四，4D 打印。4D 打印在航空航天领域，甚至可以用来调整机翼结构以适应不同的飞行情况。

1.4 汽车零件制造

随着世界第一款3D打印汽车 Urbee 2在2013年正式推出，以及2014年芝加哥机床展会期间打印出来的Strati行驶到大街上，再到法拉利、兰博基尼以及阿古斯塔和杜卡迪等顶级豪车开始逐渐使用3D打印技术实现私人化定制，3D打印技术已经深度与汽车产业结合。汽车产业是一个庞大的生态群，其产业的发展对于推动整个3D打印行业的发展都有至关重要的作用。环顾传统制造业的发展历史，我们看到汽车业在欧洲最发达的时期也是传统金属切削机床技术创新最旺盛的时期，各种加工技术层出不穷，汽车巨头与机床厂商一起想象未来技术，突破技术瓶颈。伴随着3D打印技术在汽车的造型评审、设计验证、复杂结构零件、轻量化结构零件、定制化工装、个性零件等领域的应用逐渐深入，3D打印厂商与汽车厂商的合作越来越紧密，这一合作势必会推动汽车业的发展，同时反哺3D打印行业的技术创新。

在国外，3D打印在汽车零部件的开发和赛车的零部件制造方面得到了广泛的应用。这些应用包括汽车仪表盘、动力保护罩、装饰件、水箱、车灯配件、油管、进气管路、进气歧管等零件。尤其类ABS材料、尼龙等材料性能接近于汽车绝大部分部件的原始材料性能，能够更好地展现该部件的物理性能，配合产品测试和实际使用。奥迪、宝马、奔驰、捷豹、通用、大众、丰田、保时捷等汽车厂商毫无例外，都在使用3D打印技术。

根据SmarTech的报告，3D打印在汽车行业2014年的总市场金额为3.7亿美元，到2023年有望达到22.7亿美元。汽车在3D打印领域的应用从简单的概念模型到功能型原型，朝着更多的功能部件方向发展，渗透到发动机等核心零部件领域的设计。

图 4-14　一系列采用 3D 打印技术的汽车零部件

 案例 4-5

德国学生方程式赛车

学生方程式赛车是 1981 年由美国汽车工程师学会（SAE）在美国发起的国际学生设计比赛，自 1998 年以来一直在欧洲举行。

作为车辆优化的一部分，德国学生方程式赛车比赛的选手们着手设计并在最短的时间内建立一个高刚性、可靠的轻质车轴（转向节）。这种关节需要承受赛车的动态负载，同时也减少了汽车的整体重量。由此产生的设计是适合于复杂地形的单一组件，只能使用 3D 打印技术制造，他们选用了直接金属激光烧结 3D 打印工艺，能够制造具有复杂几何形状的功能性金属部件。通过优化转向节的几何形状，最终设计比原始设计的重量减轻了 35%，刚度提高了 20%。3D 打印技术的使用也大大减少了开发和生产时间，提高了轨道的可靠性，从而提高了安全性。

与之前的铝合金轮毂相比，车队总共可以节省 1.5 千克的重量，实现了迄今为止车队生产的最轻车辆。

图 4-15　最终优化的关节设计

案例 4-6

本田与 Kabuku 打造该国首辆全 3D 打印汽车

丰岛屋是日本镰仓著名的传统糕点老店，以鸽子饼干为代表的糕点深受人们的喜爱。后来，这里的糕点逐渐"走出"镰仓地区，成为日本流行的美食。但由于镰仓地区街道狭窄，大型运输车辆难以通过，丰岛屋向外地运输糕点的工作受到了限制。怎样提高运输效率，让人们尽快品尝到美味的糕点成为丰岛屋需要解决的问题。为解决这个问题，丰岛屋想到通过一种特殊定制的小型货车在狭窄的道路上运输糕点。

如果通过传统大规模生产的汽车制造方式来定制一辆货车不仅需要花费较长的时

间，而且需要支付一笔可观的定制费用。而丰岛屋这种听起来不切实际的想法最近却成了现实，原来是汽车制造商本田公司和 Kabuku 公司借助 3D 打印技术让丰岛屋得偿夙愿。

在小货车的定制过程中，Kabuku 公司承担了车身的设计和 3D 打印工作，本田汽车则负责制造汽车的机械系统，这辆 3D 打印的定制化货车在 2 个月之内就诞生了。Kabuku 成立于 2013 年，是一家来自日本的 3D 打印服务商，旗下 Rinkak 3D 打印平台可以让任何人在线销售用 3D 打印机制作的产品。

图 4-16　3D 打印汽车

这款纯电动汽车车身结构和底盘由本田生产，外部蒙版和行李舱结构由 3D 打印技术生产，动力部分采用本田 Micro EV 技术驱动。车辆尺寸为：长 249.5 cm、宽 128 cm、高 154.5 cm，车重 600 kg，电机最大输出功率 11 kw，最高时速 70 km，使用日制 110V 电压需要 7 小时充满，使用中制 220V 电压则只需要 3 小时充满。

这辆电动汽车因为主要用于短途送货，所以设计时只限驾驶员乘坐，其他位置全部留给存放货物使用。在这辆电动汽车的顶部和驾驶员座位附近都安放了电池组，合计能提供 96 km 左右的续航里程，这对于在室内短途运送糕点的用户来说够用了。

由于整辆车除了内部管架结构、底盘和电动驱动这些传统结构之外，大部分组件都是使用 3D 技术打印制造的，因此在一定程度上能很好地控制车辆的成本和制造难度。可以预见的是，未来在城市短途运送少量货物的时候这样类型的车辆就能发挥作用。

2. 3D 打印与医疗应用

医药行业增长迅速，医疗应用中添加剂制造（AM）或 3D 打印的附加价值日益凸显。AM 现在用于开发新的手术切割和钻孔导引器、矫形植入物和假体，以及创建骨骼、器官和血管的患者特异性复制品。

Wohlers 在 2015 年的一项研究显示，3D 打印收入中有 13% 来自医疗行业相关的公司。由美国食品和药物管理局（FDA）批准的 20 多种不同种植体，包括颅骨植入物及髋关节、膝关节和脊柱植入物，均采用各种 AM 技术生产。此外，迄今为止，已经通过 AM 生产了超过 100 000 个髋臼（髋关节杯）植入物，其中约 50 000 个植入患者体内。

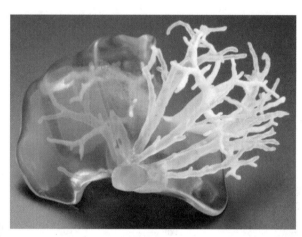

图 4-17　AM 技术应用

所有这些里程碑继续加强了 AM 在医疗行业发挥的重要作用，其中可以制造针对个人的定制产品。这深化了医疗专业人员对患者的了解，通过为其解剖结构专门设计的产品进行交互来提高患者舒适度。

本书将讨论医疗行业要求，使 AM 成为许多应用的理想技术，并呈现最常用的 3D 医疗模型生产数据生成方法。常见的医疗行业应用也将与 AM 必须克服的限制一起进行讨论，以进一步影响该行业。最后，将介绍一系列在医疗行业使用 AM 的案例研究。

2.1　医疗行业要求

（1）定制

医疗个性化意味着 AM 是医疗行业的理想解决方案。AM 使得能够创建根据患者的特定解剖结构定制假体和矫形装置，而不是制造数千个相同的组件，从而提高其有效性。

（2）复杂

过去传统制造业在创建复杂组件时难度较大，而运用 AM 技术能够快速打印复杂的设计组件。AM 技术使得完全遵循骨骼或多孔金属部件轮廓的复杂的瘦骨架易于制造，为许多先前不可能的应用和设计打开了一扇门。

（3）交货时间

无论是内部还是外包，创造工具的交付时间都可能是漫长而昂贵的。AM 的标志之一是为设计师和工程师提供了快速创建和迭代设计的工具，使用逼真的原型进行更有效的沟通，最终缩短产品上市时间。任何医疗设备成功的关键是医师和患者的反馈，以及这些设计改进的速度。在几个小时之内，现在可以根据外科医生的直接反馈来迭代医疗工具的设计，外科医生将使用它并打印一个新的评估原型。快速反馈循环加速了设计开发。制造商也可以使用早期 AM 部件来支持临床试验或早期商业化，而最终设计仍在优化。

（4）成本

除了创建定制、复杂组件的能力之外，AM 最适合于低批量生产，这意味着成本往往随着效率的提高而下降。生产的个性化不再需要昂贵的加工过程，AM 技术仅用所需的材料生产零件，从而减少浪费并进一步降低成本。

（5）多材料打印

一些 AM 技术现在也可以在单个打印过程中用不同的材料打印 3D 模型。这样做的优点在于，模型可以代表骨骼、器官和软组织的不同部分，从而允许外科医生更好地了解当使用模型来进行手术时患者的身体感受。

（6）可消毒

由于医疗行业应用了一些零件，可消毒性是重要的特性。AM 中使用的一些最常见的可消毒材料的列表如下。

表 4-1　　　　　　　　　　　通用灭菌 3D 打印材料

材料	技术	灭菌方式
ABS M30i 树脂	FDM	γ 辐照，环氧乙烷
PC-ISO 聚碳酸酯	FDM	γ 辐照，环氧乙烷
PSF 聚砜	FDM	高压蒸汽，环氧乙烷，气体等离子，化学，γ 辐照
Ultem 聚醚酰亚胺	FDM	高压蒸汽
PA12 尼龙	SLS	高压蒸汽，环氧乙烷，气体等离子，化学，γ 辐照
17-4PH 不锈钢	DMLS/SLM	高压蒸汽，环氧乙烷，气体等离子，化学，γ 辐照

2.2 医疗应用范围

（1）数据生成（CT，MRI，3D 扫描）

直接从扫描数据生成患者特定部位的能力是大多数常规制造技术不具备的，通过将患者使用计算机断层扫描（CT）、磁共振成像（MRI）和激光扫描等技术转换为 3D 文件的软件，可以实现这些部件的定制。这些文件基本上编码了每个患者的特定解剖或病理特征，然后由 3D 打印机制造。

图 4-18　CT 数据生成 3D 文件

　　CT 被认为是用于骨成像和收集数据的成像方法，然后用于生成硬组织结构如骨的医学模型。CT 扫描广泛应用于急诊室，扫描时间少于 5 分钟，因为患者暴露于少量的放射线时可能不合适。

　　MRI 使用非常强大的磁体来对准体内的原子核，以及使原子共振的可变磁场，这是一种称为核磁共振的现象。核产生自己的旋转磁场，扫描仪检测并用于创建图像。与 CT 扫描相比，正常组织和异常组织之间的差异通常比 MRI 更清晰。通常 MRI 扫描也需要较长时间才能完成。

　　激光扫描对象的表面并捕获表示为点集合（点云）的数据，然后将其用于生成 3D 曲面。这使得能够精确测量和 3D 模型非常困难的部件被数字化并准确地再现。与 CT 或 MRI 扫描不同，激光扫描不显示被扫描物体的内部特征。此外，激光扫描仪的尺寸范围适用于不同的应用，手持式变体可提供超过工业级 CT 和 MRI 扫描仪的巨大优势。

　　（2）手术学习工具

图 4-19　AM 技术模型

　　虽然 3D 打印大多应用于医疗行业中患者使用的植入物和医疗设备，但最大的应用领域之一则集中在解剖复制品上。之前临床培训、教育和设备测试往往依赖于动物模型、人体尸体和人体模特在临床模拟中的实践经验。这些选项有一定的缺陷，包括有限的供应、处理和储存的费用、模型中缺乏病理学、与人体解剖学不一致，以及无法准确地表示活的人的组织特征。

　　医生正在使用病人扫描数据 AM 产生的模型，以改善疾病的诊断，阐明治疗决策、计划，在某些情况下甚至在实际治疗之前进行选择性手术。这些模型帮助医师了解难以想象的患者解剖结构，特别是在使用微创技术时。模型还有助于精确地确定医疗设备的尺寸。医生还可以使用模型向患者及其家属对手术进行讲解，并将手术步骤传送给临床团队。为了降低成本，一些设备设定了外科医生在患者特定的 AM 模型移植上进行操作的程序。AM 技术能够准确复制人体组织和骨骼，这意味着外科医生可以更好地了解手术方式，以及手术过程中患者解剖结构的不同部分的触摸和感觉。

表 4-2   不同 3D 打印技术 AM 模型的区别

技术	最适合
FDM	是理想的几何基础手术模型，不需要高水平的细节或错综复杂的特征，有大量的颜色可供选择，打印图层线将是可见的
SLA	最适合具有非常光滑的表面光洁度的较小模型，能够产生非常复杂的细节和功能，颜色有限
SLS	可以生产具有非常复杂几何形状和良好强度的零件。零件通常是白色的，具有无光泽的颗粒状表面光洁度，非常适合复制骨骼
物料喷射	用于高细节、多色、多材质打印的最佳解决方案。也可以生产透明部件。表面光洁度非常平稳，尺寸比 FDM 或 SLA 更大，比其他 AM 技术价格昂贵

（3）手术导向器和工具

正如钻头夹具用于制造过程，以确保孔位于正确的位置，医生利用导向器和工具来协助手术。手术导管和工具以往是由钛或铝制成的通用装置。通过实施 AM，医生能够创建精确跟踪患者独特解剖结构的指南，准确定位手术中使用的钻孔或其他仪器。AM 导向器和工具用于使修复治疗中螺钉、板和植入物的放置更精确，从而导致更好的术后结果。

图 4-20　3D 打印牙齿模型完美定位

矫形外科医生和颅面（头颅和脸部）外科医生是 AM 指南和工具最常见的用户之一。2014 年，制造了 23 种定制外科手术指南和模板，以帮助部分或全部膝关节置换手术，制造了超过 112 个手术导管，以协助各种颅面手术。通过扫描精确匹配患者的解剖结构并由 PC-ISO（可消毒的 FDM 塑料）制成的外科手术导管与人体组织兼容以进行短期接触。这样可以将它们放置在患者的解剖结构上，以便更准确地切割或钻孔。

此外，还经常通过 AM 生产解剖模型（骨模型）和外科手术导管，并协同计划和测试

在进行手术前与患者骨骼表面一致的螺钉或板块的最佳位置。

表 4-3　　　　　　　　　　　　　　可消毒 3D 打印材料

技术	最适合
FDM	多种塑料均可消毒，FDM 的强度低，但是对于迭代，低成本原型设计来优化工具或指南的设计是理想的
SLS	用于制造与注塑尼龙相似强度的功能导轨和工具，PA12 尼龙也可消毒

（4）种植体

AM 在外科植入物表面产生细网格或晶格结构的能力，可以促进更好的骨整合并降低排斥率。生物相容性材料如钛和钴铬合金可用于颌面手术等。与传统产品相比，由 AM 产生的优越的表面几何结构已被证明可将植入物存活率提高 2 倍。这些 AM 产品的孔隙度与高水平的定制与从传统医疗材料制造的能力相结合，导致 AM 植入物成为 AM 医疗行业增长最快的领域之一。

表 4-4　　　　　　　　　　　　　　AM 植入物的 3D 打印

技术	最适合
金属打印	非常高的精度和强度，能够生成与病人解剖结构的轮廓精确匹配的非常复杂的几何形状。使用常见的医疗金属（钛和铝）。多孔表面和复杂的支架能够打印

（5）假肢

仅在美国，每年会进行近 20 万次截肢，假肢价格从 5 000 美元～ 500 000 美元不等，更换可能会耗费大量时间和费用。因为假肢属于个人物品，所以假肢必须定制或适合于佩戴者的需要。AM 技术现在经常用于生产与用户解剖结构完美匹配的患者的特定部件。因能生产复杂几何形状，AM 被灵活应用于假肢与佩戴者接触的位置。AM 技术已被用于生产适合于用户的假腿连接，以及针对癌症患者的复杂和高度定制的面部假体。

图 4-21　AM 技术面部假体

通常而言，传统的制造技术和材料用于生产功能性假肢的结构部分。AM 通常在接口部分实现，通过生产适合于用户解剖结构的复杂轮廓来改善舒适度和适合度。AM 也在假肢的外部表面上实现，以产生隐藏假肢的机械性质的生命般的有机外壳。这也允许佩戴者将他们的假肢完全定制成他们喜欢的任何设计或风格。

表 4-5　　　　　　　　　　　　　　　　　　AM 假肢应用

技术	最适合
FDM	低成本的简单几何解决方案，各向异性使其不适合大多数功能应用
SLA	细节要求较高、零件易碎、最适合美观应用，零件具有光滑的表面并且能够被涂漆
SLS	良好的实力和高水平的准确性，通常在功能假肢的界面部分实施。与用户解剖结构接触的配合表面的形状对于舒适性和功能性是非常重要的
物料喷射	最适合美学应用，可以以高水平的细节以全色打印零件
金属打印	零件具有良好的性能和复杂的设计能力，通常非常昂贵

（6）助听器

目前，已有超过 1 000 万人佩戴 3D 打印的助听器，全球绝大多数助听器正在使用 AM 创建。与传统制造相比，AM 技术不仅显著降低了定制助听器的成本，而且生产助听器所需的复杂和有机表面的能力降低了 10% ～ 40% 的不良配合。

图 4-22　3D 打印助听器

表 4-6　　　　　　　　　　　　　　　　　　最佳助听器 AM 技术

技术	最适合
SLA	大多数助听器都是使用 SLA 生产的，其工艺非常成熟。高水平的细节允许优异的定制，而光滑的表面能提高舒适度和适合度

2.3　医疗应用的限制

1）虽然与传统制造方法相比，打印零件的时间通常要快得多，但转换扫描数据仍然需要大量时间才能生成可打印的 STL 文件。因此，对于诸如创伤手术等更为迫切的病例，通用植入物或医疗器械可能是更理想的解决方案。

2）台式 FDM 或 SLA 机器的购买价格通常在 1 000 美元～ 5 000 美元，而高端 AM 打印机（SLS、喷射材料和金属打印）则 20 万美元～ 85 万美元不等。这些 AM 技术的材料也非常昂贵。

3）对每个 AM 技术的良好理解至关重要，每种技术都有优点和缺点，并且获得零件

的价格变化可能很大。

2.4 应用案例

 案例 4-7

传感器装备新生儿模型

埃因霍芬理工大学的博士生导师、医疗保健旗舰计划的参与者马克·瑟伦，其目标是提升新生儿患者的手术成功率。使用 3D 打印和 3D Hub，马克及其团队已经开发了一个优化的训练体验，使用具有能够进行智能传感器反馈的功能器官的逼真的新生儿模型。

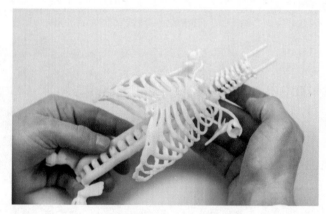

图 4-23　3D 打印模型提供了对患者解剖结构的独特见解

对于外科医生和护士，与解剖模型相互作用对于手术和医疗程序的成功至关重要。在新生儿领域，与目前缺乏的新生儿复杂性和感觉的练习模型不同，难以正确地进行实践。马克的研究是开发人体模型，其所有主要的内部器官运作配备了传感器来监测关键测量，如压力和试验过程中的影响。

人体模型有两个关键组成部分：肋骨 / 脊柱及内脏。人体解剖学的复杂性导致难以用其他生产方法来重现这两个关键部分。最初在台式 FDM 3D 打印机上使用各种热塑性弹性体进行测试，以创建模型的较大部件，如肋骨架。在设计完成之后，由于技术提供的精度和尺寸自由度，使用了选择性激光烧结（SLS）技术。

为了创造功能器官材料，喷射 3D 打印被用来制造模具。与传统的制造方法相比，3D 打印模具允许快速设计更改。当制造模具时，材料喷射还允许材料（刚性和柔性塑料）的组合。例如：一个心脏需要有非常详细的工作阀。由于新生儿器官的尺寸非常小以及细微的细节，为这些部件创建模具的唯一方法只有 3D 打印。

图 4-24　刚性与柔性塑料组合模型

　　3D 打印模具可用于生产高度详细的内脏器官模型。当胸腔和器官结合时，马克通过人体模型运行流体，安装了两个摄像头和传感器，在各种试验过程中对模型的每个部分进行反馈。

　　马克对创造超逼真人体模特的研究并不会只停留在新生儿患者身上，而是有更广泛的应用。

 案例 4-8

Osseus 一款 3D 打印颈椎植入物获得 FDA 批准

　　2017 年 7 月初，Osseus 公司的颈椎融合器 Gemini-C 获得了美国 FDA 的批准。Gemini-C 将用于治疗椎间盘退行性疾病。

　　这是一款由钛金属材料和 Peek 材料制造的脊椎类植入物，该植入物既具有钛金属植入物所拥有的多孔钛结构，又具有 Peek 植入物所具有的射线透射和生物力学性能。在制造中没有使用注射成型技术，而是使用了 3D 打印技术。在植入物成型后并未使用常见喷涂技术对植入物进行涂层。

　　Osseus 公司研发了一种能够将钛金属和 Peek 进行混合与连接的特殊技术。而这款植入物中的钛金属结构与 Peek 结构是否都是由 3D 打印技术制造的，Osseus 公司并未透露。

图 4-25　Osseus 公司研发的钛金属和 Peek 进行混合与连接的模型

Osseus 公司的业务重点是提供一个广泛的脊椎植入物产品组合，并采用一些创新性的技术推动业务发展。

3. 3D 打印与建筑应用

在建筑方面，约瑟夫·佩尼加是第一个采用水泥基材料，运用 3D 打印技术"打印"建筑构件的科学家。此计划和选择沉积法相似：首先在下层覆盖一层薄沙，其次在沙子上面铺设一层水泥，而后利用蒸汽养护技术使其迅速凝固。目前，运用建筑行业的 3D 打印技术大概有三种：D 型工艺（D-Shape）、轮廓工艺（Contour Crafting）和混凝土打印（Concrete Printing）。

在国内外也有许多的具体工程实例：2014 年，上海的一家建筑公司采用混凝土作为"墨水"，运用一台庞大的 3D 打印机，很快地制造了 10 所 200 平方米的屋子；2015 年 9 月，刘易斯大酒店宣称已经运用 3D 打印技术建造了一栋占地大概 130 平方米，高 3 米的小别墅；2014 年，荷兰建筑师简加普·鲁基森纳斯和意大利 D-Shape 3D 打印机发明人协作，"打印"出一幢两层小楼；2015 年初，迪拜也声称要用 3D 打印技术建造一个"未来博物馆"；2014 年，来自荷兰的建筑师们通过一台 3.5 米高庞大的 3D 打印机来生产塑料材质的建筑部件，建成了一个荷兰风格的运河小屋。

目前，3D 打印技术直接"打印"低层建筑的能力还是比较成熟的，对于"打印"高层建筑方面还有很多亟待解决的问题。虽然现阶段的研究向"打印"大型高层建筑的方向有所迈进，但是目前在短期内尚无法解决根本问题。由于现阶段的装配式混凝土结构已经相对比较成熟，国家已经出台了装配式混凝土结构的相应规范，因此目前尚可执行的是采用 3D 打印技术直接打印一些高层建筑构件或者直接打印装配节点，然后直接拼接装配。国内一些学者也提出了相应的观点：同济大学土木工程学院陶雨濛等已经给出了 3D 打印技术在土木工程方面的瞻望，重点提出了 3D 打印技术在难施工的钢结构节点、浇筑模板、抗震耗能的建筑构件、建筑施工模板以及智能化施工等方面的应用前景；北京工业大学材料学院王子明等也认为 3D 打印技术应用在建筑方面有很大的可能性，指出 3D 打印技术在建筑方面必定成为将来世界的新标杆。

3D 打印的模型是建筑业实现创意可视化与无障碍沟通的最好方法。

（1）呈现建筑外观的整体模型

可作为城市规划、商业区整体规划的重要参考。

图 4-26　3D 打印的纽约城市模型

图 4-27　3D 打印的纽约城市模型细节

（2）互动式体验模型

一般而言，三维电脑效果图或传统纸张是很难让人全面理解设计的。而 3D 打印成型的互动式模型却能够完整体现建筑的外部和内部结构。这种模型的机动性很高，诸多配件能够被拆卸和移动，如可以拆卸的屋顶，以便看清内部结构。

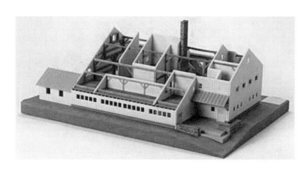

图 4-28　3D 打印的内外结构互动模型

因此，3D 打印成型的互动式体验模型的优势是非常明显的。

（3）助推销售

对准买家来说，任何二维或三维虚拟图像都并不足以说明设计宗旨，而一个 3D 实体模型可有助于呈现概念设计。

图 4-29　3D 打印的建筑模型

最有力的佐证是，当你手握一个 3D 打印的模型时，你可以拿掉屋顶，让室内家居的布局跃然眼前。一件互动体验式模型通常包括家具、电器、固定装置等细节，材料的纹理亦清晰可见。这样的一个模型无疑最能吸引买家的眼球，尤其适合精装房。通过模型，销售人员可与客户对建筑的外观和内部设置全面地进行交流与互动，呈现真实的内部空间及结构，能让客户更快签下订单。

（4）推进设计和建造

3D 打印的建筑模型对建筑师、工程师和承建商来说，在整个概念设计和建造过程中，都可以使用 3D 打印的建筑模型，并从中获益。

通过等比例缩放（如 1∶1 000、1∶10），应用 3D 打印 SLA 技术真实还原，可获得细节、比例精准无误的建筑模型。其所能呈现的大量细节不仅能帮助建筑师不断修正设计理念，节约时间和经费，还能大大加快施工进度和准确度，从而让承建商的经济利益最大化。

图 4-30　1∶1 000 建筑模型，准确无误

 案例 4-9

轮廓工艺建筑 3D 打印机获投资　2018 年出货

加州轮廓制造公司获得了 DOKA 集团投资部门新的投资，该公司总裁兼首席执行官比洛克·霍什内维斯表示："很快，我们将拥有第一台可部署的机器人 3D 建筑打印

机。"比洛克·霍什内维斯是全球最早从事建筑 3D 打印的专家。

图 4-31　比洛克·霍什内维斯

DOKA 集团是建筑行业的领先供应商之一，综合收入超过 10 亿美元。轮廓制造工艺的投资旨在大大减少建造建筑物所需的时间，满足日益增长的全球可接受的住宿和基础设施的需求。DOKA 集团占有加州轮廓制造公司 30% 的股权。轮廓工艺建筑 3D 打印机在 2018 年可用。虽然该交易的确切条款（包括投资金额）尚未公开，但我们了解到，这些资金将用于在加利福尼亚州租赁 33 000 平方英尺的单位。轮廓工艺 3D 打印机已经获得了几个订单，第一个已在 2018 年初出货，3D 打印机使用水泥材料。

使用 3D 打印机进行施工可以节省时间这一点对用户的吸引力巨大，人们可以在建设开始 2～5 天后住进新房。该技术节省了成本、时间，增强了环境保护意识，并增加了职业安全，因为它是一个自动化过程。

比洛克·霍什内维斯于 1996 年提交了建筑 3D 打印专利。目前，他在该领域拥有超过 100 项活跃专利。此后，中国盈创等公司进入市场。盈创的技术是 3D 打印和预制的混合体，因为它们通过固定的 3D 打印机打印结构，然后将结构分切并将部件运送到施工现场组装并应用。轮廓工艺的技术包括可部署的机器人系统，其打印的所有东西是在施工现场。

4. 3D 打印与大众消费

消费品行业涵盖范围较广，主要包括手机、电子产品、电脑、家电、工具和玩具等行业。消费品的生命周期一般都比较短，更新换代的频率高，普遍采用大规模生产和销售方式。目前，3D 打印在消费品行业的应用主要集中在产品设计和开发环节。直接数字化制造（以下简称"直接制造"）在消费品行业应用不及航空航天、医疗等行业普及。3D 打印在模型或原型制造和概念验证环节扮演了重要的角色。Sculpteo 公司最近的一次问卷调查结果显示，原型制造和概念验证是 3D 打印最重要的两项用途。在产品设计初期，设计

师提出设计概念并转化为模型，用于进一步的设计和改进。接下来的开发过程包括各种测试，对模型的工艺要求和特性提出了各种需求。3D 打印的优势在于可以满足各个设计环节的需求，并赋予设计环节极高的灵活性。相比传统的注射成型技术的耗时费力，3D 打印在原型制造和概念验证的应用已成为一种趋势。

 案例 4-10

Formlabs 宣布与 New Balance 达成合作伙伴关系推动走向生产

3D 打印行业已经出现了许多令人振奋的新技术，这些技术可以将增材制造（AM）集成到更大的制造业世界中，这些快速制造技术不仅扭转了 3D 打印给人效率低的印象，配合材料技术的快速发展，这些打印技术以日新月异的面貌挺进生产领域，并引发了从耐克到阿迪达斯、New Balance、Under Armour 这些鞋企在引入 3D 打印技术批量生产鞋中底方面的竞争。最近，3D 打印设备与材料商 Formlabs 宣布与 New Balance 达成合作伙伴关系，将通过其广受好评的 Form 2 SLA 3D 打印机来为 New Balance 制造鞋材料，目的是提高运动员成绩。

图 4-32　增材制造鞋底

"我们很荣幸能与 New Balance 一起工作，为国内大型制造业提供尖端的 3D 打印技术。"Formlabs 首席执行官说，"3D 打印能够提供更高的产品性能、更好的鞋组件、更个性化的产品。随着与 New Balance 的合作，这将表明 3D 打印技术在规模化消费品生产领域大有可为。"

"New Balance 很兴奋与波士顿的 Formlabs 一起推进 3D 打印在鞋业的应用。"New Balance 的总裁兼首席执行官说，"多年来，我们一直在尝试将 3D 打印技术运用到鞋制造领域，现在我们期待着将这项技术推向消费者，并进一步提高运动员的表现。"

New Balance 的高级产品副总裁透漏了 Formlabs 的数字化工厂合作的一些额外细节：通过双方的合作伙伴关系，运动员们将有机会使用专用的、易于使用的应用程序来修改定制自己的 3D 打印运动鞋，这也突出了 New Balance 重视运动员体验的一贯宗旨。

鞋木模 　　　　　　　　鞋垫、鞋中底 　　　　　　　鞋底、鞋面

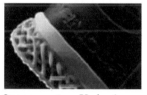

鞋中底
打印技术：SLS、HSS、
惠普Multi-Jet Fusion

鞋底
打印技术：3D Drawing

3D打印在鞋制造领域的应用

Image courtesy:Under Armour

Image courtesy:Reebok

鞋中底
打印技术：CLIP

鞋
打印技术：SLS、FDM混合打印等

鞋底
打印技术：SLS

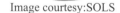

Image courtesy:Addidas 　　　　Image courtesy:SOLS 　　　　Image courtesy:Nike

图 4-33 3D 打印在鞋制造领域的应用

不仅如此，Formlabs 最近又推出了轻量版的 SLS 激光烧结设备 Fuse 1，这台设备的特点是体积小，价格低至 9 999 美元。据悉，谷歌的先进技术与计划部门（Google ATAP）已经开始试用 Formlabs 的这款设备。这与同样来自马萨诸塞州的 Desktop Metal 有着异曲同工之妙。获得谷歌投资的 Desktop Metal 的 DM Studio 金属 3D 打印系统价格低至 49 900 美元，被誉为第一款可用于快速成型应用的办公室友好金属 3D 打印系统。

此外，针对 3D 打印设备进入生产化领域的需求，Formlabs 还推出了带机械手的 3D 打印智能管理系统 Form Cell，Form Cell 可以全天不间断运行，不仅节约了人力成本，而且 Form Cell 的软件管理系统具备错误监测和远程监控等功能，这使得批量生产

更流畅。

根据计划，New Balance 有望在 2018 年在自己的生产工厂中实现连续生产 3D 打印鞋类产品。根据市场研究，New Balance 在进入 3D 打印鞋中底方面做了不同 3D 打印技术的尝试。其中，New Balance 定制化鞋中底的 3D 打印鞋在 2016 年 4 月就对外出售了。而不仅仅是 Formlabs 的光固化技术，New Balance 使用的 3D 打印技术还包括选择性激光烧结技术和高速激光烧结技术。

2017 年可谓是 3D 打印的鞋业年，年初 Under Armour 推出了含 TPU 鞋中底的运动跑鞋，采用选择性激光烧结 3D 打印技术来加工，使用的材料是由 Lehmann & Voss & Co 开发的。鞋底的点阵结构设计是当重量压在鞋的时候能将能量有效吸收和缓释。

耐克近旧宣布了与惠普的合作伙伴关系。阿迪达斯与 Carbon 建立了战略合作关系，通过 Carbon 的光和氧气化学反应 3D 打印技术来制造 Futurecraft 4D，并声称在 2018 年底之前则生产超过 10 万双。此外，匹克体育于 2017 年 5 月在北京发布了旗下首款 3D 打印跑鞋，这款售价 1 299 元的创新跑鞋也成为中国首款市售的 3D 打印跑鞋。

5. 3D 打印与教育应用

充分挖掘和发挥 3D 打印"所想即所得"的数字化直接制造优势，融合做中学、创客教育、STEAM 教育（Science，Technology，Engineering，Art & Mathematics，STEAM）、成果导向教育（Outcome Based Education，OBE）等教育理念，通过科技实践课、课外兴趣班、社团活动、创客实验室、科技竞赛活动等多途径，推进 3D 打印进校园、进课堂，让学生学习和掌握 3D 打印技术，对于激发学生的创新创造潜力、营造全新的学习体验、提高学生的创新创造能力，具有重要意义。

（1）基于"做中学"的理念，开发基于知识驱动的 3D 打印创新课程

"做中学"的提出者、美国著名教育家约翰·杜威明确提出"从做中学比从听中学是更好的学习方法"。我国著名教育家陶行知主张"教学做合一""教学做是一件事，不是三件事。我们要在做上教，在做上学"。相对于"以教师为中心""听中学""学以致考"的演绎式教学模式，"做中学"模式则属于归纳法教学模式。"做中学"以学生为中心，学生由学习过程的被动接受者转变为积极参与者，成为学习的主角；教师则起着引导和帮助学生发挥潜能进行主动学习和有效学习的作用，也比传统的演绎式教学模式担负更多的责任，需要更多的投入。

基于"做中学"的理念，将 3D 打印技术作为辅助教学平台，挖掘语文、数学、生物、艺术、物理、化学等学科课程的学习重点和难点，构建可视化、可触摸、可拆解的 3D 模

型，辅助主干课程学习。例如，在小学语文《赵州桥》的教学中，大部分小学生就只能通过图片或视频来了解赵州桥的结构，而利用 3D 打印技术打印出赵州桥的模型，学生就可以很直观地观察、欣赏赵州桥的整体及各个部分的构成。在生物课上，学习人体骨骼结构时，可以将复杂的脊椎等人体结构打印出来，从而将复杂的、难以触摸到、难以见到真实面目的人体骨骼或内脏器官变得可视化、可触摸、可拆解。在数学课上，打印出几何体的模型，便可以更直观地帮助学生了解几何体内部各元素之间的联系，解析几何的学习将更轻松。3D 打印可以让知识可视化、可触摸，让分散的知识集成起来形成有意义、有意思的学习环境，可以快速缩小抽象和具体、理论和实践之间的差距，有利于构建全新的学习体验，辅助主干课程学习。

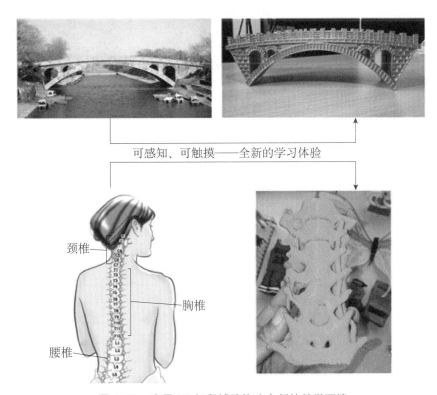

图 4-34　应用 3D 打印辅助构建全新的教学环境

（2）基于 STEAM 教育理念，开发基于创造学习的创新实践课程

STEAM 是五个单词的缩写：Science（科学）、Technology（技术）、Engineering（工程）、Arts（艺术）、Mathematics（数学）。STEAM 是美国政府提出的教育倡议，即加强美国 K12 关于科学、技术、工程、艺术以及数学的教育。STEAM 教育理念的本质是让学生们自己动手完成他们感兴趣的并且与其生活相关的项目，从过程中学习各种学科以及跨学科的知识。

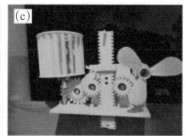
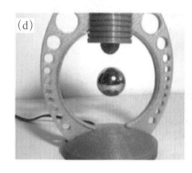
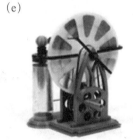
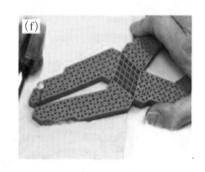

图 4-35　STEAM 学习案例

上图中，（a）～（f）分别是机械式计算机、中国古代指南车、风能 - 重力势能转化装置、磁悬浮装置、韦氏静电发电机、超材料结构扳手。以类似的 STEAM 学习案例作为牵引，引导学生用 3D 打印机制作并装配起来，无疑会使整个教学过程充满趣味性、吸引力和创造性，有利于学科间知识的整合、综合性学习活动的开展、学生跨学科思维的培养，全方位地培养学生知识综合应用能力、动手能力、三维数字建模能力和创新创造能力。

（3）基于创客文化，建立基于动手实践的创客实验室

创客是互联网向制造业深化、互联网向传统教育模式渗透、数字化直接制造技术发展、开源软硬件平台兴起等综合效应的产物，是传统"DIYer"的升级版。创客文化是创客活动群体所共同认同、共同遵守的基本理念和准则，其基本内涵包括：鼓励技术的创新应用和传统划分下不同领域技术的交叉创新；特别强调"做中学"，鼓励在做的过程中大胆试错和尝试创新，而不是按部就班、墨守成规；认同网络社区学习交流（线上）和面对面（线下）同伴学习分享的重要作用。创客文化成长于"正规学习系统"的高墙之外，它不仅涉及具体对象的创新创造，还涉及基于此而构建的社会化学习和分享文化。

基于创客文化建立创客实验室需要的支撑平台包括活动场所、制造平台、开源技术平台、创意交流平台等。制造平台是指相对完备的自制造环境，一般包括钳工台、钻铣床、激光切割机、小型数控中心、3D 打印机等基本制造设备，目的在于确保学生自主化地快速实现创新创造。开源技术平台包括各类开源的、低成本的软硬件平台，一般配置

Arduino、Raspberry Pi、Intel Edison 等控制器，以及机械电子元器件、型材结构件、各类传感器等基础材料。创意交流平台包括创意交流会、经验分享会、项目交流会等经常性的创意活动以及熏陶出来的创意氛围。下图是网络社区上的一些开源创客项目，（a）～（f）分别是仿人机器人、多足机器人、机械臂、四旋翼、两轮平衡车、智能小车。

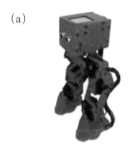  

图 4-36　创客开源项目案例

（4）基于竞赛活动，培育基于竞赛牵引的创新实践社团

学科竞赛或科技创新竞赛活动从参与范围来说，可分为校级、省部级、国家级和国际级竞赛；从竞赛命题形式上来说，可分为命题式任务积分赛、主题对抗赛、无主题式创新赛、交流式友好赛等多种类型。基于竞赛活动牵引，以赛促学、以赛促创，全面提高学生的综合能力，为优秀人才脱颖而出创造条件是教育界的共识。通过组织学生参加 3D 作品创新设计大赛、3D 打印创新设计亲子马拉松等竞赛实践活动，开展具有竞争环节、亲子环节和团队精神的科技实践竞赛活动，实现创新、表达、沟通等各项能力的全方位训练和培训，促进学生的全面发展。

从全世界范围来看，发达国家的 3D 打印技术早已进入教育领域。例如：美国几乎所有的大学、中学、小学都开设了 3D 打印创客课堂，通过 3D 打印技术的学习，青少年的创新意识不断提升，3D 打印成为促进"美国智造"的有力手段。2012 年，英国教育部将3D 打印列入中小学课程表，并向 21 所国立中学的 STEM 和设计课程提供资源。2013 年10 月起，英国上千名中小学教师接受了 3D 打印相关的教学培训，为学生能够获得这一领域中的实用技术做好教学准备。2014 年，韩国政府宣布成立 3D 打印工业发展委员会，该委员会针对小学到成人开发相应的 3D 打印培训课程，在全国范围内提供 3D 打印教育资源，并为贫困人口提供相应的数字化基础设施。2016 年，世界知名 3D 打印机制造商 MakerBot 公司和印度 Vel TECH 大学合作，在当地政府的帮助下，为 800 名教师提供各种 3D 打印相关流程的实践培训，包括 CAD 软件培训、3D 建模、打印机操作，以及有关如何将 3D 打印技术更好地整合到课堂以优化 STEAM 教育的指导。

我国政府近两年也开始大力推动 3D 打印教育的普及，教育部于 2015 年发布《关于"十三五"期间全面深入推进教育信息化工作的指导意见》，其中提到了未来五年对教育信息化的规划，鼓励探索 3D 打印融入 STEAM 教育等新教育模式。但是总体来看，质量不高、流于形式，很多中小学限于教育评价、升学考核、师资力量和经费投入等原因，并没有将 3D 打印创新教育持续性地开展下去。

模块五 3D 打印流程

模块导入

　　在前面的模块中我们已经了解了 3D 打印的发展历史、3D 打印的原理以及几种主流的 3D 打印技术和材料。3D 打印技术虽然包含各种不同的成型工艺，但它们的成型思想和基本流程都是相同的。3D 打印有建模和打印两个步骤。根据实际情况，有时还需要在建模之前进行创意设计或者扫描，并在打印之后进行抛光、上色等后期处理。

1 模型数据处理　　**2** 3D打印　　**3** 模型处理　　**4** 完成模型

图 5-1　3D 打印流程图

学习目标

◆　构建 3D 模型

◆　打印 3D 模型

◆　3D 模型的后期处理

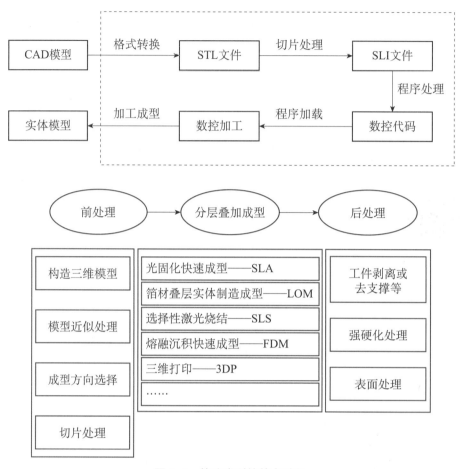

图 5-2　快速成型的基本过程

1. 构建 3D 模型

3D 打印需要先输入设计模型，因此在开始打印前我们应该了解 3D 打印需要什么格式的模型，通过专业的建模软件创建的 3D 数字模型如何转换为可 3D 打印的文件格式。

1.1　3D 打印文件格式——STL

（1）STL 文件格式

虽然 3D 打印机使用多种文件类型将 3D 模型转换为 3D 打印，但 STL（标准三角语言）已经成为行业标准，是最常用的文件类型。大多数 CAD 软件允许将任何 3D 模型导出为 STL 文件，然后将其转换为 3D 打印机能够识别和打印的 G 代码（称为"切片"）。

STL 文件格式使用一系列链接的三角形来重建实体模型的表面几何。当提高文件的分辨率时，会在模型表面放置更多的三角形。当文件的分辨率太低时，3D 打印体表面会有可视三角形。太高的分辨率则会导致不必要的大文件，并且可能包含不能 3D 打印的细节。

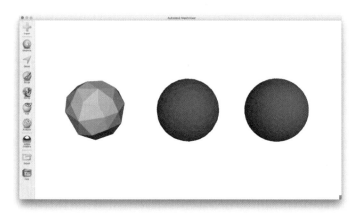

图 5-3　在 MeshMixer 中以三种不同分辨率呈现的球体

图 5-4　低分辨率球体：
三角形影响形状

（2）选择正确的分辨率

可以通过更改 CAD 包中的公差来改变分辨率。每个 CAD 包具有不同的指定方式，但大多数包括弦高和角度公差。

弦高（chord height）是原始设计表面与 STL 格式设计表面的最大距离。弦高越小，面片越小，表面曲率越准确。建议选择 0.001 毫米的弦高。

而导出的公差小于 0.001 毫米并不会影响打印质量。角度公差限制了相邻三角形的法线之间的角度，默认设置通常为 15 度，降低角度将提高 STL 文件的分辨率。该设置可以在 0 和 1 之间。除非需要更高的设置，否则为了实现更平滑的曲面，建议使用 0。

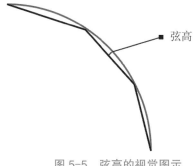

图 5-5　弦高的视觉图示

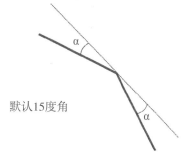

默认15度角

图 5-6　角度公差的视觉图示

（3）从 CAD 程序导出 STL 文件

所有 CAD 程序都用自己的方式来导出 STL 文件。有关导出一系列 CAD 程序的 STL 文件的操作请参考相关软件的使用说明。

（4）经验法则

输出 0.001 毫米弦高度公差。

按照正在使用的 CAD 程序的导出说明进行操作。

表 5-1　　　　　　　　各种 3D 建模软件导出 3D 打印格式 STL 模型的方法

Alibre	File（文件）-> Export（输出）-> Save As（另存为，选择 .STL）-> 输入文件名 -> Save（保存）
AutoCAD	输出模型必须为三维实体，且 X、Y、Z 坐标都为正值。在命令行输入命令"Facetres"-> 设定 FACETRES 为 1 到 10 之间的一个值（1 为低精度，10 为高精度）-> 在命令行输入命令"STLOUT"-> 选择实体 -> 选择"Y"，输出二进制文件 -> 选择文件名
CADKey	从 Export（输出）中选择 Stereolithography（立体光刻）
I-DEAS	File（文件）-> Export（输出）-> Rapid Prototype File（快速成形文件）-> 选择输出的模型 ->Select Prototype Device（选择原型设备）-> SLA500.dat -> 设定 Absolute Facet Deviation（面片精度）为 0.000395-> 选择 Binary（二进制）
Inventor	Save Copy As（另存复件为）-> 选择 STL 类型 -> 选择 Options（选项），设定为 High（高）
IronCAD	右键单击要输出的模型 -> Part Properties（零件属性）-> Rendering（渲染）-> 设定 Facet Surface Smoothing（三角面片平滑）为150-> File（文件）-> Export（输出）-> 选择 .STL
Mechanical Desktop	使用 AMSTLOUT 命令输出 STL 文件
	下面的命令行选项影响 STL 文件的质量，应设定为适当的值，以输出需要的文件
	1.Angular Tolerance（角度差）—— 设定相邻面片间的最大角度差值，默认 15 度，减小可以提高 STL 文件的精度
	2.Aspect Ratio（形状比例）—— 该参数控制三角面片的高 / 宽比。1 标志三角面片的高度不超过宽度。默认值为 0，忽略
	3.Surface Tolerance（表面精度）—— 控制三角面片的边与实际模型的最大误差。设定为 0.0000，忽略
	4.Vertex Spacing（顶点间距）—— 控制三角面片边的长度。默认值为 0.000 0，忽略
ProE	1. File（文件）-> Export（输出）-> Model（模型）
	2. 或者选择 File（文件）-> Save a Copy（另存一个复件）-> 选择 .STL
	3. 设定弦高为 0。然后该值会被系统自动设定为可接受的最小值
	4. 设定 Angle Control（角度控制）为 1
ProE Wildfire	1.File（文件）-> Save a Copy（另存一个复件）-> Model（模型）-> 选择文件类型为 STL（*.stl）
	2. 设定弦高为 0。然后该值会被系统自动设定为可接受的最小值
	3. 设定 Angle Control（角度控制）为 1
Rhino	File（文件）-> Save As（另存为 .STL）

SolidDesigner（Version 8.x）	File（文件）-> Save（保存）-> 选择文件类型为 STL
SolidDesigner（not sure of version）	File（文件）-> External（外部）-> Save STL（保存 STL）-> 选择 Binary（二进制）模式 -> 选择零件 -> 输入 0.001 mm 作为 Max Deviation Distance（最大误差）
SolidEdge	1.File（文件）-> Save As（另存为）-> 选择文件类型为 STL
	2.Options（选项）
	设定 Conversion Tolerance（转换误差）为 0.001 in 或 0.0254 mm
	设定 Surface Plane Angle（平面角度）为 45
SolidWorks	1.File（文件）-> Save As（另存为）-> 选择文件类型为 STL
	2.Options（选项）-> Resolution（分辨率）-> Fine（良好）-> OK（确定）
Think3	File（文件）-> Save As（另存为）-> 选择文件类型为 STL
Unigraphics	1.File（文件）-> Export（输出）-> Rapid Prototyping（快速成型）-> 设定类型为 Binary（二进制）
	2. 设定 Triangle Tolerance（三角误差）为 0.0025
	设定 Adjacency Tolerance（邻接误差）为 0.12
	设定 Auto Normal Gen（自动法向生成）为 On（开启）
	设定 Normal Display（法向显示）为 Off（关闭）
	设定 Triangle Display（三角显示）为 On（开启）

1.2 获取 3D 打印设计

获取 3D 打印设计一般有三种选择：自己创建 3D 设计模型、找人设计或在线查找设计并下载。

（1）自己创建 3D 设计模型

使用各种专门的软件工具来创建 3D 模型，可以简化计算机、平板电脑甚至智能手机上的设计过程。

表 5-2   各种 3D 打印建模软件

初级 / 入门级 3D 建模软件	
TINKER CAD AUTODESK® TINKERCAD®	TinkerCAD 是 Autodesk 公司的一款免费建模软件，非常适合初学者使用。从本质上说，这是一款基于浏览器的在线应用程序，能让用户轻松创建三维模型，并可以实现在线保存和共享。

3DSlash	3DSlash 建模软件旨在将 3D 建模概念在所有年龄层用户中推广，包括孩子。这款软件能够适用的浏览器包括 Windows、Mac、Linux 和树莓派。现在 3DSlash V2.0 也发布了。
	123D Design 是 Autodesk 公司的另一款免费建模软件，比 TinkerCAD 的功能性更强一些，但是仍然简单易用，还能编辑已有的 3D 模型。目前这款 3D 建模软件可以免费下载。
中级 3D 建模软件	
SketchUp	Trimble 公司的这款 3D 建模软件比较适合中级 3D 设计师，是比较高级的 3D 建模软件。它以一个简单的界面集成了大量功能插件和工具，用户可以轻松绘制线条和几何形状。初学者同样可以学习使用这款技术含量相对较高的 3D 建模软件，因为该软件的网站上提供了免费的视频教程。
Sculptris	Pixologic 公司的这款软件比较适合初学者到中级 3D 设计师之间的过渡期使用。从本质上说，这是一款数字雕刻工具，非常适合具有有机形状和纹理物体的 3D 建模。
Meshmixer	Meshmixer 由 Autodesk 公司开发，同样适合初学者到中级 3D 设计师之间的过渡期使用。这款 3D 建模软件允许用户预览、提炼和修改已有的 3D 模型，以纠正和改进不足之处，同时也可以创建新的 3D 模型。
高级 3D 建模软件	
blender	Blender 是一款开源的 3D 建模软件，也可以说是一款 3D 数字雕刻工具，适用于专业级 3D 设计师。这款软件极大地提高了设计自由度，适用于制作复杂且逼真的视频游戏、动画电影等。
FreeCAD	FreeCAD 是一款开源的参数化 3D 建模工具，适用于中级向高级 3D 设计师过渡期使用。参数化建模工具是工程师和设计师的理想选择，通过复杂的计算机算法来快速、高效地编辑 3D 模型。
OpenSCAD	OpenSCAD 是一款非可视化 3D 建模工具，是程序员的理想选择。它通过"读写"编程语言中的脚本文件来生成 3D 模型。从本质上说，OpenSCAD 也是一款参数化建模工具，能够通过参数设置精确控制 3D 模型的属性。
专业级 3D 建模软件	
SOLIDWORKS	SolidWorks 是世界上第一个基于 Windows 开发的三维 CAD 软件，后被法国 Dassault Systemes 公司（开发 Catia 的公司）所收购。相对于其他同类产品，SolidWorks 操作简单方便、易学易用，国内外的很多教育机构（大学）都把 SolidWorks 列为制造专业的必修课。
ZBRUSH	美国 Pixologic 公司开发的 ZBrush 软件是世界上第一个让艺术家感到无约束自由创作的 3D 设计工具。ZBrush 能够雕刻高达 10 亿多边形的模型，艺术家可以借助其发挥自身无限的想象力。

AUTODESK® 3DS MAX®	美国 Autodesk 公司的 3DS Max 是基于 PC 系统的三维建模、动画、渲染的制作软件，是用户群最为广泛的 3D 建模软件之一，常用于建筑模型、工业模型、室内设计等行业。因为其广泛性，它的插件也很多，有些功能很强大，基本上都能满足一般的 3D 建模需求。
AUTODESK® MAYA®	Maya 也是 Autodesk 公司出品的世界顶级的 3D 软件，它集成了早年的两个 3D 软件 Alias 和 Wavefront 的优点。相比于 3DS Max，Maya 的专业性和功能更强，渲染真实感极强，是电影级别的高端制作软件。在工业界，应用 Maya 的多是影视广告、角色动画、电影特技等行业。
Rhinoceros	Rhinoceros 是美国 Robert McNeel 公司开发的专业 3D 造型软件，它对机器配置要求很低，安装文件才几十兆。但"麻雀虽小，五脏俱全"，其设计和创建 3D 模型的能力是非常强大的，特别是在创建 NURBS 曲线曲面方面功能强大，得到了很多建模专业人士的喜爱，成为现在最流行的建模软件之一，特别是对于 3D 打印参数化建模，通常与 Grasshopper 插件联用。
solidThinking Inspire	这是一款结构拓扑优化软件。Inspire 采用 Altair 公司先进的 OptiStruct 优化求解器，应用于设计流程的早期，帮助设计人员生成和探索高效能的结构基础。结构拓扑优化又称结构布局优化，是一种根据载荷、约束及优化目标寻求结构材料最佳分配的优化方法。结构优化设计的目的在于寻求既安全又经济的结构形式，实现 3D 打印模型轻量化。
Cinema 4D	Cinema 4D（C4D）是德国 Maxon 公司的 3D 创作软件，在苹果机上用得比较多，是欧、美、日最受欢迎的三维动画制作工具。
Geomagic	Geomagic（俗称"杰魔"）包括系列软件 Geomagic Studio、Geomagic Qualify 和 Geomagic Piano。其中 Geomagic Studio 是被广泛使用的逆向工程软件，具有下述特点：确保完美无缺的多边形和 NURBS 模型；处理复杂形状或自由曲面形状时，生产效率比传统 CAD 软件提高数倍；可与主要的三维扫描设备和 CAD/CAM 软件进行集成；能够作为一个独立的应用程序运用于快速制造行业，或者作为对 CAD 软件的补充。

（2）找人设计

可以自主找专业设计公司或机构设计 CAD 或 3D 建模，也可以访问 3D 建模设计网站，留下联系方式和想法，尔后会有设计师主动联系。例如：3D Hubs 网站会提供经验丰富的设计师和工程师，他们会提供建模或 3D 扫描服务。

（3）在线查找设计并下载

如果尚未准备好 3D 打印文件，或者只想尝试 3D 打印而不必设计任何内容，可以浏览提供数千种免费 3D 模型的分享网站，在线查找中意的设计并直接下载。

1.3 模型修复

（1）转换错误

在 CAD 模型转换成 STL 模型的过程中可能会出现很多错误，直接影响后续的切片和数据处理工作，所以需要对转换的结果进行错误检查，深究其原因并有针对性地修复。

1）逆向法向量。也就是三角形面片三条边的转向发生逆转，即违反了 STL 文件的右手规则。产生的原因主要是在生成 STL 文件时，三角形面片的顶点记录顺序错误。

2）孔洞。孔洞是 STL 文件中最常见的错误，它是因丢失三角形面片而造成的，特别是一些大曲率曲面组成的模型在进行三角化处理时，如果拼接该模型的三角形非常小或者数目非常多，就很容易丢失小三角形，从而导致孔洞错误。

3）裂缝。裂缝主要是由于转换中数据不准确或取舍误差导致的，孔洞和裂缝都违反了 STL 文件的充满规则。

4）面片重叠。在三维空间中，三角网格模型中顶点的数值是以浮点数表示的。由于软件的转换精度太低，三角化算法中需要四舍五入对顶点数值进行调整而产生误差，导致顶点的漂移。

5）多边共线。3 条以上的边共线，并且每一条边只有一个邻接三角形。这是一种拓扑结构错误，是由于不合理的三角化算法造成的。

（2）修复软件

1）3D Builder。3D Builder 是 WIN10 自带的一款创建模型和 3D 打印的工具，可以实现简单模型的修复功能，导入模型时会自动检查模型是否需要修复，并提供修复按钮，比较实用，可满足大部分模型修复要求。

2）Magics。由 Materialise 公司推出的一款专业快速成型辅助设计软件，可以方便用户对 STL 文件进行测量、处理等操作，并拥有强大的布尔运算、三角缩减、光滑处理、碰撞检测等功能，只需要动动手指便可以在短时间内改正有问题的 STL 文件。此软件对操作人员的要求相对较高，需要其具有一定的基础知识。

3）Netfabb。Autodesk Netfabb Pro 是一款专业的模型修复软件，通过该软件，用户可以将设计好的模型导入软件中，利用软件的自动检测功能对模型进行数据分析，从而查看模型设计是否有不封闭、无壁厚、法线错误、模型自相交等问题；软件在自动检测的基础上，开发了功能强大的模型修复功能，当 Netfabb 提示模型构建不规范时，可以通过软件的参数设置对模型进行完善修复，不需要使用任何模型制作软件或工具就能完成修复，非常方便快捷。同时，软件还具有观察、编辑、分析三维 STL 文件和切片文件的功能，完全能满足各类用户的需求。

4）MeshLab。MeshLab 是一个开源的方便携带并可扩展的系统，用于处理和非结构化编辑 3D 三角形网格。这个软件允许用户对任意的三角面进行编辑，所以功能强大。

2. 打印 3D 模型

2.1 切片

3D 打印机有一个配套的切片软件，可以借助这一软件设置三维模型文件的参数。参数设置好后，选择视图中的切片按钮，切片软件将自动计算数据，最终获得 3D 打印机可以识别的一种 G 代码文件，将这个文件传输给 3D 打印机就可以打印了。

2.2 切片软件简介

（1）Slic3r

Slic3r 具有开源、免费、相对快捷和高度可定制化的特性，使它成为开源创客的首选切片软件。通常而言，3D 打印机生产商（如果是基于开源的）会提供一个默认的切片设置。如果能在打印机文件中找到一个名叫 .INI Slic3r 的文件，可将这个文件导入 Slic3r 作为初始设置（点击：File->Import Config），然后在此基础上调试软件的各项数据。

（2）Skeinforge

一款非常流行的切片软件，同样开源、免费。

（3）Cura

Cura 是由 Ultimaker 公司开发的，可以兼容很多打印机，但对 Ultimaker 自己的 3D 打印机的支持无疑是最好的，所以主要应用在 Ultimaker 3D 打印机上。既可以切片，也有 3D 打印机控制界面。

（4）Kisslicer

Kisslicer 是一款简单易用的跨平台切片软件，kis 是 keep it simple（保持简单）的缩写，从名字就能看出该软件的风格，定位于简单清晰。它的作用是与 3D 打印机建立通信，把 .gcode 文件发送给打印机并控制 3D 打印机的参数，使其完成打印。

（5）Printrun

这款软件不仅有机器控制功能，还能跟切片软件整合为一体（如 Slic3r），因此它可以独立完成从切片到打印的整个过程。它支持 Windows、Mac、Linux 等操作平台，几乎所有的开源 3D 打印机都可以使用这款软件。

（6）Repetier-host

和 Printrun 很类似，Repetier-host 也是一款综合性软件，具备切片、零件定位和机器控制功能。它的用户界面相对于 Printrun 更复杂，但更直观。同样支持 Windows、Mac、

Linux 等操作平台。

（7）Repetier-Server

该软件能在 Raspberry Pi（一款信用卡大小的计算机主板）上使用，能够控制多台打印机，内存消耗极小（每台打印机只用 5mb），网页操作界面相对简单，但还不支持 Windows、Mac。

（8）Octoprint

Octoprint 是一款完全基于网页的"主机"程序。用户可以通过这个软件远程控制打印机，通过预先设置的网络摄像头监控打印机，随时可以暂停或者恢复打印。用户还可以设置软件，让打印机按特定频率抓拍打印时的照片。Octoprint 也支持 Raspberry Pi。

（9）Botqueue

这是一款开源的、远程打印机控制软件。它能控制多台打印机。用户只需要上传 .STL 文件到网站，这款软件就会完成接下来的打印工作（切片和打印）。它还可以给每一台打印机设置各自独立的切片特性。

（10）Make-me

这款软件由著名的开源编程社区 GitHub 开发，能将 Replicator 2 连接到一台服务器，通过 Wi-Fi 接受打印命令和各种控制命令。整个打印过程都通过 GitHub 的聊天机器人 Hubot 监控和完成。这意味着，用户可以通过和一个在线机器人聊天（F 指令），来给 3D 文件进行切片和打印。目前，这款软件只支持 Mac 的 OS X，但是它是完全开源的。

2.3　打印控制

一般而言，使用 Repetier-host、ReplicatorG 等软件对 3D 打印机进行控制。

3. 3D 模型的后期处理

3.1　一般流程

（1）打磨

打磨可以帮助消除 3D 打印模型表面的层线，一开始要使用较粗糙的砂纸，后期使用较细的砂纸。同一个地方不要操作时间过长，以防摩擦生热过多而使表面熔化。如果打印件之后需要黏合，那么接缝处最好不要磨掉太多。

（2）黏合

如果要组合组件的多个部分，或者创建一个大于 3D 打印机打印尺寸的模型，则可使用这一处理方式。黏合时，最好以点的方式涂抹胶水，为了让两个接触面接触得更紧密，可使用橡皮圈绑定。如果接缝粗糙或有间隙，可以使用填料使其变平滑。不同的打印材料可以使用不同的黏合剂，如 ABS 适合使用丙酮类的胶水，使用时应注意保护双手，它通过溶解 ABS 达到黏合的效果，亦可以使用万能胶。

（3）上色

上色可分为笔绘和喷涂。笔绘适用于精细的打印件，如人物、艺术造型等，用户需要有一定的绘画基础，一般使用模型漆或丙烯颜料，后者比较便宜但有一定缺陷；喷涂则一般使用于简单的模型，两者也可以互相结合，既能提高效率又能表现细节。

在喷涂步骤中，要尽量在通风且无尘的地方进行，这样所有表面的上色才会均匀。一般分成底漆和喷漆两个部分。喷涂时可将目标悬挂起来，同时最好与其保持一手臂的间隔。上色完成后需要等待 1 ～ 2 天再进行抛光。

（4）安装螺丝

安装螺丝可提高 3D 打印外壳的使用寿命，为了安装得更紧固，模型上的孔洞最好略小于螺纹，固定住模型以确保稳定，且不可操作得太快太猛，否则孔洞有可能变形。一般有 4 种方式：一是在模型上留出安装螺母的凹槽；二是留出螺纹钻孔，后期攻丝；三是留出比螺纹小的圆孔，安装自攻螺丝；四是用电烙铁镶嵌铜螺母。

（5）硅胶翻模

这个过程需要一个 3D 打印模具箱、硅胶、树脂、量杯等物件。想要计算模具体积，可以先向 3D 打印模具箱里倒满水，然后将水倒入量杯中。通过这一工艺，用户可以轻松地用 3D 打印机无法使用的材料为一个产品制造多个副本。

（6）真空成型

对于真空成型，可以加大模具外壁和填充的数值设置，以制造出一个能承受真空成型压力的坚固模具。首先用工业级的真空成型机加热塑料片材，然后将其放在 3D 打印模具上挤压成型。该工艺常被用来制造塑料容器等。

3.2　主流打印技术后处理工艺

（1）FDM 后处理工艺

FDM 最适合于生产具有成本效益的原型。FDM 打印件上一般存在层线，对其进行后处理尤为重要，以达到表面光滑的效果。一些后处理方法还可以增加打印件的强度，有助于减轻 FDM 零件的各向异性行为。

图 5-7　后处理的 FDM 打印（从左到右）：冷焊，间隙填充，
未加工，打磨，抛光，涂漆，环氧涂层

1）去除支撑。

去除支撑通常是打印零件需要添加支持的 3D 打印技术后处理工艺的第一步。支撑材料一般可分为两类：标准（剥离性）和水溶性支撑材料。剥离性支撑材料应具有一定的脆性，并且与成型材料之间形成较弱的黏结力；而对于水溶性支撑材料，要保证良好的水溶性，应能在一定时间内溶于水或酸碱性水溶液。

① 去除标准（剥离性）支撑。

工具：模型剪、直头镊子。

工艺：良好的支撑结构和适当的打印方向可以大大减少支撑对模型最终外观的影响。有些支撑可用手轻轻剥离，但会有一些残留，这时，模型剪可以快速去除外面的支撑材料，剪切时不要超过模

图 5-8　去除支撑的工具

型形状的轮廓，避免使模型表面凹陷残缺。镊子用来去除支撑剪难以到达的地方，如孔或者中空部分。如果这些地方的支撑不影响外观和功能，也可不去除。

② 去除水溶性支撑。水溶性支撑材料是一种可溶解于酸性或碱性水溶液的具有良好水溶性的高分子材料。与剥离性支撑材料不同的是，水溶性支撑材料由于不考虑机械式剥离方式，可以任意置于成型零件深处嵌壁式的区域或接触细小特征。同时，水溶性支撑材料可以保护细小特征，一般需要有双喷头的 FDM 才能实现，辅助喷头可打印易溶解的支撑材料，但会增加打印成本（包括材料和设备），浸泡溶剂时间也相对较长，使用超声设备可加快溶解，用户可根据实际情况选择。

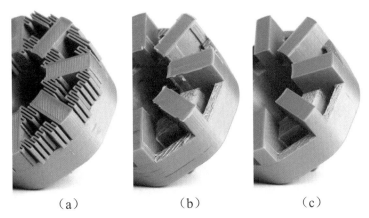

（a）　　　　　　　（b）　　　　　　　（c）

图 5-9　未去除支撑（a）　非正确去除支撑（b）　正确去除支撑（c）

市场上常见的水溶性支撑材料有：HIPS 抗冲击性聚苯乙烯（配合 ABS 耗材使用），溶于柠檬烯溶液，浸泡 6 ～ 24 小时（根据模型大小决定），配合柠檬烯和异丙醇比例为 1 ∶ 1 的加热溶液并使用超声可以加快去除支撑物；PVA 聚乙烯醇（配合 PLA 耗材使用），浸水 2 ～ 4 小时即可完全溶解；HydroFill 水溶性支撑材料，同时支持 ABS 和 PLA 两种耗材，易溶于清水，溶解时间在 1 小时以内。如果溶解时间过长，会导致打印件的漂白和翘曲。

2）打磨。

工具：150 目、220 目、400 目、600 目、1 000 目、2 000 目的砂纸；牙刷、肥皂、除尘黏性擦布、口罩。

图 5-10　打磨模型

工艺：去除或溶解支撑后，为使零件平滑，可以进行砂磨，并清除任何明显的瑕疵，如斑点或支撑痕迹。砂纸的起始砂粒（目数）取决于层的高度和打印质量；对于 200 微米或更低的层高度，或打印无瑕疵，打磨可以从 150 粒度开始。如果存在明显的瑕疵或者以 300 微米或更高的层高打印物体，则从 100 粒度开始打磨。

打磨应该从粗磨到细磨。一种策略是使用砂纸粒度是从 220 目、400 目、600 目、

1 000 目，最后 2 000 目，建议从开始到结束用湿砂打磨，避免摩擦的热量积聚而损坏部件，并随时保持砂纸清洁。打磨时应使用牙刷和肥皂水清洗，然后用抹布擦拭打磨层次，以防止积灰和结块。FDM 部件可以打磨达到 5 000 目，最终得到光滑、有光泽的表面。

打磨方式要始终以绕圆运动均匀地摩擦零件表面，垂直于打印层或平行于打印层的打磨可能导致在零件中形成"沟槽"。如果打磨时有许多小划痕，则可以使用热风枪轻轻地加热打印件并软化表面。

3）抛光。

工具：塑料抛光化合物、2 000 砂砾砂纸、黏布、牙刷、抛光轮或超细纤维布。

工艺：在打印后，可以使用塑料抛光剂，使 ABS 和 PLA 等热塑性塑料具有镜面般的表面光洁度。一旦打印件打磨到 2 000 粒度，用黏性布擦掉打印件上的多余灰尘，然后用牙刷在温水中清洁打印件。待打印件完全干燥后使用抛光轮抛光，或用超细纤维布和塑料抛光剂（如 Blue Rouge）手动抛光。

提示：将抛光轮连接到可变速度的琢美（Dremel）电磨机（或其他旋转工具，如电钻），用于打印小型打印件。配有抛光轮的台式砂轮机可用于打磨更大、更坚固的打印件，但注意打磨不能太久停留在同一个区域，可能会因为摩擦过热而导致塑料融化。

4）上色。

工具：黏布、牙刷、砂纸、底漆、面漆、指甲棒、抛光纸、丁腈手套、防护面罩。

工艺：待打印件被正确打磨抛光后，模型绘制分底漆和面漆两个步骤。使用气溶胶底漆会在模型表面形成均匀覆盖的薄层，使用方法是在距离部件大约 15 厘米～ 20 厘米的地方短时间快速喷涂第一道涂层（以避免底漆聚集），然后让底漆干燥，用 600 目砂纸打磨任何缺陷，以轻快的速度涂抹底漆。

底漆完成后，就可以喷绘面漆了。绘制时，既可以使用丙烯酸颜料和画笔完成，也可以使用喷枪或气溶胶罐，后者可以提供更平滑的表面光洁度。喷绘应使用专为模型涂漆设计的涂料，底漆表面应抛光，然后使用黏性布清洁。喷绘前几层看起来是半透明的，通常在 2 ～ 4 层之后油漆形成不透明层，让模型静置 30 分钟后以使油漆固化，每层油漆之间可以用指甲棒轻轻地打磨。

提示：使用气溶胶油漆时，不要摇晃罐子，摇晃将导致喷雾剂产生气泡。应该旋转罐子 2 ～ 3 分钟，使混合珠滚动而不是咯咯作响。

（2）SLA / DLP（光固化）后处理工艺

SLA / DLP 打印机的打印尺寸精度能达到至少 0.3 mm，但其桌面级打印机的局限是打印零件尺寸较小，现在工业级 SLA 国内最大能达到 600 mm×600 mm×400 mm。大多数打印件打印时需要加支撑结构后以一定角度打印，这些支撑将在模型表面留下痕迹，导致模型表面不平坦。大部分 SLA 树脂材料是最简单的 3D 打印材料之一，因其材料强度及工业级设备较大的打印尺寸，可以说是应用最广泛的设备。

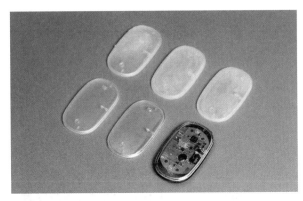

图 5-11　电子产品外壳 50 微米层高的透明树脂打印后处理不同阶段的表面

1）去除支撑。

支撑结构从模型上分离或切割，此时，模型刚从打印平台取下，表面会有很多残留的液态光明树脂，需戴一次性橡胶手套去除。有些柔软的支撑可用手直接除去，而坚固的支撑可用模型剪减除。除去支撑材料后会在接触点留下凹凸的表面。如果需要高质量的表面光滑度，则可以添加额外的材料再固化（至少 0.1 毫米，请参考步骤 3 后固化操作）以后进行打磨。对于临界直径垂直孔，建议打印后进行钻孔；对于螺纹孔，建议直孔后期攻丝或电烙铁镶嵌铜螺母，可获得更好的打印尺寸精度及功能。

2）清洗模型。

打印材料光敏树脂是油性的，无法用水清洗模型，因此需使用高浓度（99%）酒精溶液（即无水乙醇）或浓度在 96% 以上的异丙醇溶液（溶解未固化的液态光敏树脂）。由于清洗液有一定的挥发性，应在通风处操作并佩戴口罩，使用后及时密封清洗液，也可以使用 120W 以上的超声波清洗机加速清洗。手动清洗一般可使用两个塑料盒：一个可重复使用，另一个做最后的清洗，这样的话，溶液不会浑浊。

提示：清洗时间过长会破坏模型表面。清洗干净后模型表面不再黏手，这时再使模型干燥，一般可晾干、吹干或擦干。

3）后固化。

模型在打印时并未达到 100% 的固化程度，有些材料会表现出强度不够，这时需要对模型进行二次固化。一般使用与打印设备同波长的固化箱进行照射。固化时间视模型而定，可使用少量多次的方式来确定模型是否达到固化要求。

提示：打印件不宜过度固化，否则会导致模型变形、变色。

4）打磨支撑尖头。

找到那些去除支撑后留下的尖头，这些尖头会使得表面不平坦或不美观，建议先用较粗的砂纸打磨，如 600 目或 800 目的干砂纸。随时观察平面的光滑程度，以免过度打磨及打磨不均匀，模型表面会残留打磨后的粉末。这些粉末需要清洗干净，透明树脂表面可能会不美观，我们将在之后的步骤解决。

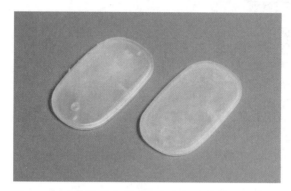

图 5-12　去除基本支撑（左）和打磨支撑尖头（右）

5）湿磨。

湿磨通常可使表面达到最光滑的光洁度（取决于所使用的砂纸目数）。通常而言，可使用水砂纸实现，水砂纸需要配合水流完成操作。含支撑的表面的打磨劳动轻度强度密集，建议至少使用 2 种不同目数的细水砂纸作业，如 1 200 目、1 500 目。因此，最好的做法是将支撑放置在模型最不可见的部分。根据支撑位置的不同，通过打磨过程可以消除材料的一些精度损失，打磨时使用的水可能导致打印品上产生一些白色或浅色斑点。

6）矿物油处理。

湿磨后需要添加矿物油层，矿物油有助于隐藏模型上的白色或浅色斑点，从而呈现出均匀的半透明外观。这种表面处理非常适合减少摩擦和需要润滑表面的机械部件，但会造成油漆不能很好地黏到表面上。

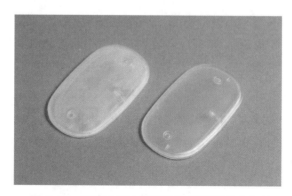

图 5-13　湿磨（左）和矿物油处理完成（右）

7）喷漆（透明紫外线防护丙烯酸）。

喷漆有助于隐藏层线，减少对模型不产生支撑的侧面的打磨需要。此外，清漆通过阻止紫外线照射来保护模型免受黄变和后固化。但此作业不适合滑动或移动部件，丙烯酸漆不能很好地黏附在柔性树脂上，喷涂不均匀会对表面造成"橙皮"效果。

8）抛光。

表面应采用 2 000 目砂纸打磨，然后用抛光化合物抛光表面，最后达到与玻璃相当的表面光洁度，但整个过程非常耗时。这个作业适合形状简单、细节较少（如手表的水晶）的打印件，而不太适合复杂几何形状（如加强筋和间隙）的操作。

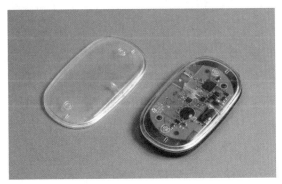

图 5-14　喷漆（透明紫外线保护丙烯酸）（左）并抛光以产生透明光洁度（右）

（3）SLS 后处理工艺

SLS 零件打印精度高，具有良好的强度，经常用作最终产品。由于基于粉末的融合过程性质，SLS 打印件具有粉状、粒状的光洁度。SLS 零件的后处理涉及一系列技术和常用做法。涂料会经常添加到 SLS 零件中以提高其性能。此外，功能性涂层可以弥补 SLS 打印件缺乏可行的材料等级的缺陷。

1）基础处理。

等打印完冷却后，将零件从构建室中取出，用压缩空气机吸走多余的粉末。然后通过塑料珠（磨料）喷射来清洁表面，以除去黏附到表面的粉末，这也是喷漆或涂漆的最佳表面处理。

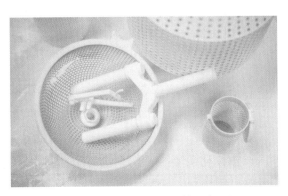

图 5-15　SLS 3D 零件上的基础表面处理

2）介质震动抛光。

为了更平滑的表面纹理，尼龙 SLS 零件可以在介质震动或振动机中抛光。一种含有小的陶瓷片的滚筒会随着零件的振动而逐渐侵蚀外表面而抛光表面。这个过程会对零件尺寸有小的影响，并导致圆角锐利，不建议具有精细细节和复杂功能的零件抛光。

图 5-16　SLS 零件介质震动抛光

3）染色。

最经济、快速的方法是通过染色工艺使 SLS 零件呈现各种颜色。SLS 零件的孔隙使其成为染色的理想选择。将成型件浸入有不同颜色的热色浴中，使用不同颜色的浴液确保全面覆盖成型件所有内部和外部表面。通常情况下，染料只能渗入零件大约 0.5 毫米的深度，这意味着持续的表面磨损会暴露出原来的粉末颜色。

图 5-17　SLS 零件一系列染料着色

4）喷漆或涂漆。

SLS 零件既可以喷漆，也可以涂清漆或透明涂层。通过涂漆可以获得各种饰面，如高光泽度或金属光泽。漆涂层可以提高零件表面的耐磨性、表面硬度、防水性，并减少痕迹和污迹。

由于 SLS 的多孔性质，建议使用 4～5 个非常薄的涂层来获得最终的涂层而不是 1

个厚的涂层，这样可以缩短干燥时间，减少喷漆或涂漆操作。

图 5-18　SLS 零件光泽的喷漆处理

5）防水涂层。

正确烧结的 SLS 零件将具有一些固有的防水性，可以使用涂料来增强这一特性。实践证明，有机硅和丙烯酸乙烯酯涂层能提供最好的防水性能，而聚氨酯（PU）不适用于 SLS 零件的防水。如果要求完全防水，建议使用浸涂法。

6）金属涂层。

SLS 零件可以电镀。不锈钢、铜、镍、金或铬可沉积在零件表面，以增加屏蔽应用中的强度或电导率。清洁零件并在表面涂上导电的材料层，然后通过传统的金属涂层程序进行操作，以制造 25 微米～ 125 微米厚的金属涂层。

第二部分

产品创新设计与3D打印

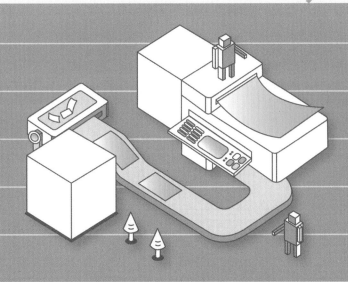

模块六	产品创新设计
模块七	3D 打印创意产品设计与研发
模块八	3D 打印的就业岗位

模块六　产品创新设计

模块导入

在产品创新设计领域，3D 打印技术的应用对提高产品设计质量和水平、推动工业设计发展、促进企业发展产生了积极影响。3D 打印技术优化了工业设计流程、转变了工业设计理念。产品创新设计是一项有计划、有步骤的从无到有的工作。要成为一名合格的产品设计师，必须熟悉产品创新设计的步骤，掌握产品创新设计的思维和方法。

学习目标

- ◆ 熟悉产品创新设计的步骤
- ◆ 了解产品创新设计的原则
- ◆ 掌握产品创新设计的思维与方法
- ◆ 了解 3D 打印在教学中的作用

1. 产品创新设计的步骤

在这个瞬息万变的时代，对于产品设计而言，需要设计师不断突破常规、发现或者创造新的设计。创新的本质就是突破，要求我们敢于打破旧的思维定式和常规戒律。产品设计的创新在于"新"。产品的"新"，可以通过产品的形态、结构和性能，或者产品商业模式甚至社会责任体现出来。产品设计的创新不是天马行空、不着边际的创新。例如：有人想制造一辆可以在月球上自由行走的观光车，这一想法十分大胆、新颖，但是考虑到成本及可行性，想法要变成现实难度很大。

产品创新设计是一项有计划、有步骤、有目标、有方向的创造活动。新西兰工业设计协会主席道格拉斯·希思将一般设计程序分为6步：

1）确定问题；2）收集资料和信息；3）列出可能的方案；4）检验可能的方案；5）选择最优的方案；6）实施方案。

本书将产品创新设计步骤分为：设计准备（市场调查）、概念设计、方案可行性评估及产品设计方案评审、技术设计和实施阶段。

产品市场资讯收集及调研

概念性设计草图

平面或三维效果图

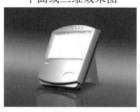

设计方案确定稿

方案工程图纸

样机模型

图 6-1　产品创新设计示例

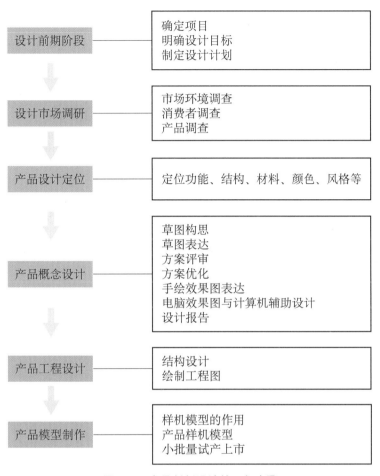

图 6-2　产品创新设计的一般步骤

1.1　设计准备（市场调查）

进行产品创新设计时，首先要进行设计准备（市场调查）。市场调查主要由市场环境调查、消费者调查以及产品调查三项构成。

（1）市场调查的内容

1）市场环境调查。

① 政治环境：政府针对不同行业采取不同的优惠、扶持或限制政策，这对企业的经营活动会产生巨大的影响。

② 经济环境：经济发展水平，影响市场容量和市场需求结构；经济特征，包括国家或地区的人口、收入、自然资源及经济基础结构等；了解国内、国外的贸易政策和法规。

③ 文化环境：每一个国家或地区都有自己的思想意识、风俗习惯、思维方式、宗教信仰、艺术创造、价值观等，它们构成了该国家或地区文化并直接影响人们的生活方式和消

费习惯。设计师设计产品时必须符合当地的文化和传统习惯，才能为当地人认可和接受。

④ 气候地理环境：气候会影响消费者的饮食习惯、衣着、住房设施等。在某种气候条件下，消费者会选择具有一定针对性的产品。

2）消费者调查。

① 消费者需求量调查：收入构成和花销构成、人口数量构成等。

② 消费结构调查：人口构成（人口性别、年龄、职业、文化程度等）、家庭规模和构成等。

③ 收入增长情况：商品供应状况以及价格变化等。

④ 消费者行为调查：消费者心理、性格、宗教信仰、文化程度、消费习惯、个人偏好和周围环境等。

⑤ 目标人群特征：性别、年龄层次、职业、文化程度、收入、主要喜好等。

3）产品调查。

① 产品基本信息；

② 产品发展历史；

③ 产品主要技术和技术趋势；

④ 企业生产能力调查；

⑤ 市场竞争、主要竞争对手；

⑥ 产品功能需求；

⑦ 典型产品分析；

⑧ 产品形象（产品表面工艺、产品材料、颜色、造型风格、结构）；

⑨ 产品设计趋势和潮流趋势；

⑩ 标准、法规和知识产权；

⑪ 行业内标杆企业的新品发布、本行业的设计趋势（关注产品设计展、红点设计大奖、IF 设计大奖、IDEA 等设计大奖）。

（2）市场调查的方法

主要分为观察法、询问法、资料分析法、问卷法 4 种。

1）观察法。

观察前要根据对象的特点和调查目的事先制定周密计划，合理确定观察路径、程序和方法。观察的过程中要运用技巧，灵活处理突发事件，以便从中取得意外的、有价值的资料。在不损害他人隐私权等合法权益的前提下，调查时可采取录音、拍照、录像等手段来协助收集资料。

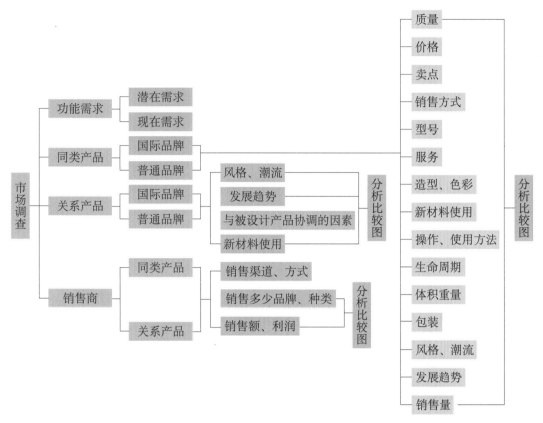

图 6-3　市场调查的内容分解

2）询问法。

询问法是一种比较常见的市场调查方法。运用询问法进行市场调查时，要事先准备好需要询问的问题要点、提出问题的形式和询问的目标对象。询问法还可以分为直接询问法、书面询问法、集体询问法、个别询问法、邮寄询问法、电话询问法等。

通过访问行业专家，可以了解行业发展全局、产品研发和制造过程等情况；通过访问忠实用户，可以了解他们对产品使用方面的心得；通过访问新手用户，可以了解他们对产品设计界面的看法、使用建议等。

3）资料分析法。

资料分析法是工业设计师经常使用的调查方法。因为它简单可行、容易实施，是汲取他人经验、扩展自己思路、避免重复工作的较好途径。使用资料分析法做市场调查时，一定要注意所获取资料的真实性和时效性，在可能的情况下，一定要获取第一手资料，因其有比较好的分析和利用价值。对于产品的技术特性、文化特性、使用人群的基本特点等知识性信息，可以通过收集相关文献资料分析和了解。文献的种类有书籍、刊物、网站、专业的信息检索等。

4）问卷法。

问卷法是事先拟定所要了解的问题，列成问卷，交由消费者回答，通过对答案的分析和统计研究，得出相应结论的方法。问卷分为以下形式：

①开放式问卷：由自由作答的问题组成，是非固定应答题。这类问卷不列可能答案，由被试自由陈述。

②封闭式问卷：将问题的答案事先加以限制，只允许在问卷所限制的范围内进行选择。

③混合式问卷：形式一般以封闭型为主，根据需要加上若干开放性问题。

（3）市场调查的意义

产品市场调查具有非常重要的意义：

1）在设计初期就能迅速了解用户的需求；

2）对本企业的产品在市场和消费者的真实位置有一个正确、理性的认识；

3）在产品开发中吸收同类产品中的成功因素，从而做到扬长避短，提高本企业产品在未来市场中的竞争力；

4）在既定的成本、技术等条件下为本企业选择最佳的技术实现方案和零部件供应商。

1.2 概念设计

这个阶段主要在整理搜集的资料的基础上进行设计构思，形成设计概念并且用草图的形式描述设计构思。这一阶段涉及草图绘制和概念模型。

草图绘制时要善于将设计想法表达出来，方便设计师们讨论和修改。根据调查结果，整合设计项目需求进行头脑风暴，从而构思出多个概念方案，即创意草图。

概念模型是将最后确定的设计方案进行前期的简单打样，使产品给人以更直观的感受。

ABS模型 1

石膏模型

ABS模型 2

发泡塑胶模型

油泥模型

纸材模型

图 6-4 概念模型

图 6-5 方案设计草图

1.3 方案可行性评估及产品设计方案评审

（1）方案可行性评估

1）技术手段、原理应用；

2）结构实现；

3）成本控制；

4）批量生产；

5）创新点；

6）产品设计效果图。

（2）产品设计方案评审

评审时要考虑产品的功能要素、结构要素、造型要素、人机要素、环境要素等设计方案是否都涉及。

一个好的产品设计方案要：

1）具有创造性；

2）增强了产品的实用性；

3）美观、耐用；

4）结构合理；

5）不带欺骗性；

6）有合理的细部处理；

7）体现了设计者的生态环保意识；

8）具有简洁的形体。

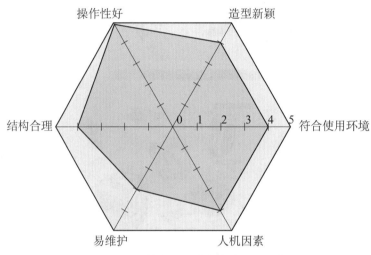

图 6-6　好的产品设计方案的评审要点

1.4　技术设计

技术设计是将构思方案转换为具体的形象。包括基本功能设计、实用性设计、生产机能可行性设计，即对功能、形态、色彩、质地、材料、加工、结构等方面的设计。

1.5　实施阶段

实施阶段是指将产品试生产、市场化、批量生产并最终推向市场。

2. 产品创新设计的原则

产品设计师经常要进行产品创新设计，这也是当前市场对设计师的要求。何为创新设计？创新设计就是在目前的常规性的产品上进行创造性的分解组合，从而使产品具备新的功能。产品的创新性是产品开发成功和市场前景性的重要因素。《创新之战》一书中对产品创新性的标准提出了两点：一是产品价值增加的大小，二是营销人员的热情及用户的认知。

产品设计师在进行创新设计时需要考虑以下几个原则：

2.1　产品设计与用户需求的关联性

设计的产品最终要被用户所使用，能否满足用户的需求才是决定产品创新是否成功的标准。同类型的产品要从其他竞争对手的产品中脱颖而出，必定是其能够很好地满足用户的需求。产品设计与用户的关联性可以从两个方面考虑。

第一：产品是否满足了用户尚未满足的需求，然后针对这一个关键点进行产品差异化设计。如果产品的设计没有和用户需求有联系，那么该产品只会哗众取宠。下图是一个可以帮助吹凉面条的电风扇筷子，但是与用户的生活习惯关系不大，产品没有多大的实用性。

图 6-7　加装电风扇的筷子

第二：如果用户对产品的需求已经被竞争对手发现，那么就要在满足用户需求的的关键利益点上做得比对手更好。下图是家庭中经常用到的双孔插座，在使用中经常会遇到麻烦，但将插座孔的位置进行变化就能很好地解决这个问题。

图 6-8　双孔插座创新设计

产品设计与用户需求的关联性的核心就是针对用户需求来创造产品设计的差异化价值。如果产品设计没有符合客户的需求，用户就不会购买该产品，等待企业的就会是一场灾难。我们可以从以下方面考量产品设计与用户需求的关联性：

（1）产品的适用性

适用性是产品与用户存在的依据。适用性体现了用户对产品表现出来的示意性、可靠性等。例如，电灯的出现是满足了人晚上的需要，手机的出现是满足了人沟通的需要，这些产品就有很强的适用性，所以用户才会需要。

（2）产品的人性化

产品都是为人而设计的。从设计的本质来说，在产品设计过程中，任何观念的形成均需以人为基本的出发点。产品设计的人性化可以更好地与用户构建联系，拉近产品与用户的距离。下图中的雨伞是专门为客户打造的限量版礼物，目的是为他们提供一种丰富的移动生活体验。雨伞把手是根据人体工程学打造的 C 字形把手，可以放置在使用者的手腕处。有了这款雨伞人们可以释放双手用来发信息、上网或是进行各种网络应用。

 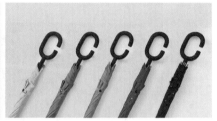

图 6-9　C 字形把手雨伞设计

（3）产品的安全性

产品的设计应该朝着安全的方向发展，没有用户希望使用会对自身造成安全的产品。简单来说，用户希望在安全的前提下享受产品带来的便利。近年来，插座引发的儿童触电事故呈逐年上升趋势，给不少家长敲了警钟。国家标准化管理委员会正式把保护门纳入插座新国标，强制性要求所有排插产品都标配安全保护门，可以有效地避免因手指或金属物件触碰插孔而导致触电事故发生。

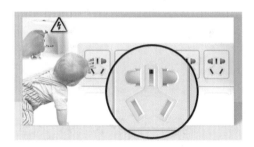

图 6-10　安全性产品设计

（4）产品的可持续性

在提倡绿色设计为主导的现今，我们还需要考虑产品的可持续发展，减少对环境的破坏和资源的浪费。产品会对社会发展产生影响，如生态平衡、社会资源和社会总体效益等。一位墨西哥设计师将丝瓜络特有的中性色调与有机质感融入各种日常用品中，包括立灯、屏风、桌子和杯套，透过与天然木头的搭配，使深藏在丝瓜络中不为人知的气质彰显出来，打造出自然风格的家具。纯天然的材料也更符合环保的理念。

2.2　产品设计与实现技术的可行性

产品在实现创新功能上必须有技术和实力的支持，脱离了当前的科学技术，就无法将创意落地，好的创新想法只能是空中楼阁。技术的发展带领着人们突破日常活动的界限，打破原有的平衡，将资源从原来简单重复的活动中转移到新的活动中，由新的经济形态代替原来的经济形态。例如：我们今在市场上所见到的创新产品大多数是渐进创新的成果。技术进步的推动与客户不断变化的需求，同样是创新的源泉。世界上优秀的百年老店都是紧跟客户需求，不断改进自己的产品，将品质做到极致并不断增加花色品种，以满足客户的不同偏好。例如：因为触屏技术的出现，手机从以前的按键式变成现在的触屏式；科技的发展使风扇变成无叶，与传统的电风扇产品在外观上区别较大，它能产生自然持续的凉风，因无叶片，不会覆盖尘土或伤到好奇儿童的手指。

图 6-11　无叶风扇设计

2.3　产品设计与产品价值的可延展性

我们常常听到这样一句话：三流企业做产品、二流企业做品牌、一流企业做文化。当企业发展到一定规模和较成熟的阶段时，想继续做强做大，获取更多的市场份额，往往会更加注重产品价值的延展。采用品牌延伸策略，利用消费者对现有品牌的认知度和认可度，推出副品牌或新产品，以期在较短的时间内以较低的风险来快速盈利，迅速占领市场。通过对产品设计的改变可以让产品价值获得不同方向的延展。

（1）向上延伸

图 6-12　苹果系列手机设计

向上延伸是指产品设计向更高层次延伸，进入更高档产品市场。一般来讲，向上延伸可以有效地提升品牌资产价值，改善品牌形象。一些国际著名品牌为了达到上述目的，不惜花费巨资，采取向上延伸策略来拓展市场。例如：苹果手机就不断开发新的造型和功能达到向上延伸的目的。

（2）向下延伸

向下延伸是指因低档次产品市场存在空隙，或是在高档产品市场受到打击，企图通过拓展低档产品市场来反击竞争对手，或者是为了填补自身产品线的空白，防止竞争对手的攻击性行为。例如：在经过多年的中国市场培育和品牌形象打造之后，宝洁公司的各类品牌已经在中国市场深入人心，赢得了良好的知名度和美誉度。随着中国洗涤日化行业竞争的不断加剧，当越来越多的国产品牌以更占优势的价位和强力的广告宣传纷纷抢占市场时，宝洁公司推出了一系列"平民价位"的产品，给竞争对手以有力的打击。

2.4　产品设计的内涵就是创造

产品设计必须是创造出更新颖、更便利的功能，或是唤起新鲜造型感觉的新的设计；产品必须通过其美观的外在形式使人得到美的享受；必须具备大众普遍性的审美情调，产品的审美往往通过新颖性和简洁性来体现。

3. 产品创新设计的思维

美国认知心理学家、工业设计家唐纳德·诺曼在其著作中，对"以用户为中心的设计"的概念进行了更深层次的探究，他强调了用户需求、兴趣以及设计的可用性。人们在谈到产品创新设计时想到最多的是从外观、造型和形态上进行突破，殊不知作为一名设计师最重要的是思维变革和创新。

要创新，首先要有创新思维。思想上的改变才会造成行动上的改变。创新思维就是要求人们在认识事物的过程中，结合自己已掌握的知识和经验，通过分析、比较、综合等手段再加上合理的想象进而产生新思维、新观点的思维方式。创新思维就是要突破常规，通过科学的思维方式，全方位地提高思维能力，更完美而有效地创造客观世界。创新思维的核心在于"创"，创就是要敢于打破常规，"创"是所有创新活动的起点、动力、源泉和目的，"创"是独一无二的、是思维的闪光点。我们要敢于创新，不要被现实的条条框框所限制，而要将各项规则、技法当作创新的参考。我们在创新时往往会被思维恒常性和思维惯性所困住，突破不了瓶颈。

思维恒常性是指人们思维方式的一种惯性，它导致人们不敢想、不敢改、不愿改，墨守成规，从而阻碍了新事物的产生和发展。

思维惯性是人习惯性地因循以前的思路思考问题，惯性思维常会造成思考事情时出现盲点，且缺少创新或改变的可能性。

创新思维就是要想打破思维的恒常性和惯性，敢于用科学的怀疑精神，敢于独立地发现问题、分析问题、解决问题，从而进行产品的创新设计。创新思维的方向比较开阔。创新思维要求我们善于从全方位思考，当思路遇到难题受阻，不拘泥于一种模式，灵活变换某种因素，从新角度去思考。我们要善于调整思路，从一个思路转换到另一个思路。按照创新思维的方向性，可以将其分为多向性思维、放射性思维、换元思维、转向思维、对立思维、逆向思维。

3.1　多向性思维

在思维过程中尝试多角度思考，用不同的角度来观察和分析问题，这样才能对事物进行透彻了解。例如：平时我们的厨房里都会有一些擦葱粒或姜粒的擦板，但使用的时候不小心就会弄伤手指，下图的滚筒式食物擦板，可避免因摩擦而弄伤手指，使用时固定食物，然后滚动擦板，既方便又安全卫生，可以拆解清洗或更换不同样式的滚筒。

图 6-13　滚筒式食物擦板

3.2 放射性思维

紧密围绕一个中心，在与之相关的领域内成放射式地寻找一切与之有联系的信息，以找出尽可能多的可能性。下图是一款可调节高度的升降办公桌，一键控制办公桌的高度，高低由使用者随心而定，可调至最舒服的高度，让办公更高效。

图 6-14　可调节高度的升降办公桌

3.3 换元思维

在思考的过程中，通过分析构成事物特征的多种元素，并对其中的某个要素进行变换，以寻找和发现事物的新特征。下图杯子的把手设计体现了换元思维。

图 6-15　数字手柄马克杯设计

3.4 转向思维

我们在思考问题时，一旦在某一个方向受阻应及时转向另一个方向。例如：美国发明家西尔弗试图发明一种能够速干的超强黏剂，结果他发明出来的是一种超级不黏的黏剂，连把两张纸黏在一起都有点困难。5 年后，西尔弗的新同事弗莱用这种黏剂贴在便签上夹在书里做书签，之后，便利贴才成为一种新产品。

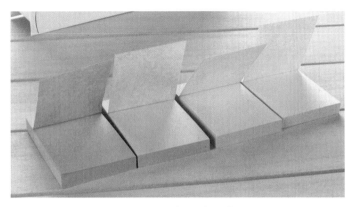

图 6-16　便利贴设计

3.5　对立思维

从常规思考角度的对立方向展开思维，从而将二者有机地结合起来。例如：在灯具的设计中，突破常规的思路，从"光热"的对立角度"冷却"查找创意点，将冰块的造型与灯具设计进行有机的结合与统一。

图 6-17　冰块灯具设计

3.6　逆向思维

从问题的相反方向出发，寻找突破的新途径。例如：吸尘器的发明者就是从常规角度"扫走"灰尘的反向角度"吸入"灰尘去思考，利用真空负压的工作原理，设计出了电动吸尘器。

图 6-18　电动吸尘器设计

4. 产品创新设计的方法

产品创新设计的方法总结起来有以下几个。

4.1　联想

由某种东西联想到另外一种东西，或者某种东西的某种功能和产品进行联想，来引发更深层的创新。例如：鲁班根据树叶的边缘发明了锯子，飞机的出现毫无疑问是来自人们对飞禽鸟类的直接模仿，船和潜艇来自人们对鱼类和海豚的联想。以色列家居用品品牌 Ototo 于 2015 年推出了一款尼斯湖怪兽造型的勺子 Nessie Ladle。设计师为这把汤勺做了 4 条又短又粗的小腿，使其真的像是一只动物般地可以站立在桌面或是汤锅中。如果放在盛满汤汁的锅中，Nessie Ladle 仿若探出脑袋一般浮在汤面上，顿时让厨房变得生动活泼起来。

图 6-19　尼斯湖怪兽造型的勺子 Nessie Ladle

4.2 改变

对产品的颜色、形状、功能或者结构等一些固有特征进行改变，有时候也能达到创新的目的。斑马线改造成 3D 效果之后，过往车辆司机在经过时就仿佛看到一根根立体的"枕木"，从视觉上产生一种障碍感，从而促使车辆减速。纸卷芯设计成方形，外圈的卫生纸也以四角方形的方式被卷上去。相比圆形的卷纸，方形卷纸在堆积时可以更好地节约空间。它更重要的目的是造成使用上的不便，放在纸架上拉出来用时，方纸卷会因为阻力发出"咔嗒"声，拉出的卷纸会减少，以此达到节约资源的目的。

图 6-20　立体斑马线

 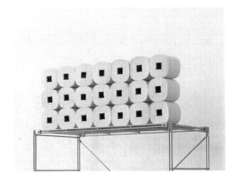

图 6-21　方桶卷纸

4.3 组合

根据需要将不同产品的功能、特性进行组合。下图多功能墙上书架集书架及台灯于一体，固定在床头墙壁上，底端用来放置书本，顶端则可以充当书签，顶端下面还有一盏台灯提供照明。伊莱克斯早餐吧 EGBF100 最大的特点就是方便快捷，一机多用。整机设计非常合理，有三个锅体，一个用来冲咖啡，一个用来煎鸡蛋，还有一个用来烤面包（或蛋糕），在有限的空间内集烤箱、煎盘、咖啡机于一体，可同时工作，早餐 5 分钟一次搞定。

图 6-22　墙上书架

图 6-23　伊莱克斯早餐吧 EGBF100

4.4　分解

将现有的产品进行分解，实现功能上的创新。下图的椅子看似是一个整体，但是它可以进行分解，分解之后就会变成一个梯子。

图 6-24　创新椅子设计

4.5 变化

将产品的位置、顺序、方向等进行变化，有时候也可以得到创新性设想。如图中的产品，如果我们将它的位置方向变化一下，就会有不同的功能。

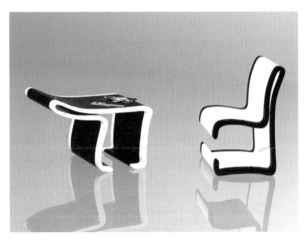

图 6-25 创新性椅子设计

4.6 转化

在这个科学技术飞速发展的时代，新材料、新技术层出不穷，我们要紧随时代潮流，尝试将这些新的元素转化在产品设计中。

5. 3D 打印在教学中的作用

5.1 可改变教学方式方法

在大部分的 3D 打印课程中，3D 打印技术本身并不是课程的重点。这类课程采用项目的形式，其主要目标是将抽象的概念变成有趣问题的解决，进而帮助教师和学生掌握抽象概念。在《3D 打印：从想象到现实》一书中提到的"边做边学"课程设计了一个制作风力发电机的项目，将物理学、电子技术的一些抽象概念和动手制作巧妙地结合起来，让学生自然而然地学会和应用这些基础知识。此外，3D 打印还可用来制作可视化教具和学具。在原来的教学场景下，教师多使用语言和图片描述教学内容，多媒体课件中展示的教学内容模型也无法使学生直接接触和观察教学实体对象。形象直观的立体教具较少配备，或是无法定制。而且教学工具和仪器一般由专门的教学设备制作机构制作发行，更新慢。3D 打印则提供了更多的创造空间，教师可以方便地自行制作和打印某些教具，以有形的三维格式展示教科书中提取的二维信息，并可设计个性化的教学模型以适应教学内容的要求并在课堂上展示。学生也可以观察、触摸和组装这些教具，这种方式显然要比原来的教

学效果更好。

5.2 可辅助学生进行创新设计

工程类或建筑类专业的学生可以使用 3D 打印技术完成快速原型。通过电脑直接将设计打印成微缩模型来构造设计方案，而不用花很多时间手工制作。通过这些快速原型，在设计初期就可以发现问题和不足，并且修正设计中的缺陷，教师也能及时给予指导和帮助。设计类专业的学生同样可利用 3D 打印技术快速实现他们的设计方案，并且到生活中进行检验和试用，把课堂上获得的技能和创造性构想应用到现实生活中。针对需要制作模型的课程，3D 打印可以作为小组协作探究环境的一部分，承担对创意和技术方案进行快速验证的任务，促进学生创造力的培养和社会性认知。英特尔未来教育展示中有这么一个案例：某小学的物理课上讨论力学问题，学习小组设计了各种桥梁模型构造的方案，并将设计打印成实物，检验设计的承压能力。这就是一个将 3D 打印作为探究学习环境的典型示例。

5.3 可提高学生的动手能力和参与协作意识，激发学生的学习积极性和创造力

3D 打印需要学生的实践操作，从设计到打印，都需要学生参与完成，这将促进学生操作能力、观察能力和制作能力的发展，全面提高学生的动手能力和参与能力。而动手能力是学生实践学习的基础，在动手能力的基础上，学生才能进一步发展其研究能力和创新能力。同时，3D 打印将激发学生 DIY 的兴趣，通过 3D 打印机，学生的构思转变为真实的立体彩色模型，将抽象概念和设计带入现实世界，使学习更加生动。3D 打印为学习活动开辟了新的空间，学生可以从设计、制作、展示、参与等角度融入学习过程中，有效地激发了学生实践的积极性，提高了学习热情。

5.4 可营造更愉快的学习体验

3D 打印的核心应用在于它能够帮助使用者将数字化的设计快速变成实物。独特的实物模型给学生提供了切身感受，并且可以操作模型互动，从另一个角度对实物增进了了解，能够帮助他们愉快记忆，避免遗忘。此外，对于需要动手设计和制作的课程来说，3D 打印可以帮助学生加速设计的过程，学生可以在设计早期就通过原型化排除错误的设计，从而帮助他们减少因为浪费时间在无用工作上或是项目失败带来的挫败感。

模块七　3D 打印创意产品设计与研发

　　教育行业是 3D 打印技术推广应用的重要市场，与传统的教学活动相比，3D 打印更有利于教师将知识和实践相结合，形成新的教学模式。在创意设计产品研发领域，3D 打印技术的应用，无疑给创意设计产品研发带来了深刻的变革。从技术本身来讲，3D 打印技术与传统的成像技术和成型技术有着明显区别，3D 打印技术不但继承了现有成像技术的优点，还成功地实现了平面图形向 3D 图形的转化，极大提高了制图能力，使创意设计产品研发的制图周期大大缩短。

学习目标

- ◆　了解 3D 打印在创意设计中的价值
- ◆　了解 3D 打印制作艺术衍生品的应用
- ◆　了解 3D 打印创意花瓶设计与研发
- ◆　了解 3D 打印艺术灯具设计与研发
- ◆　了解 3D 打印智能家电产品研发的项目实践

1. 3D 打印技术在创意设计中的价值

1.1 传统设计模式及其局限性

（1）传统设计模式

在大规模生产模式下，产品的实现遵循设计、制造和销售这一周期，可以称为生产系统。通常情况下是提供标准的产品，实现市场的大部分需求，其优势是规模上的经济性。

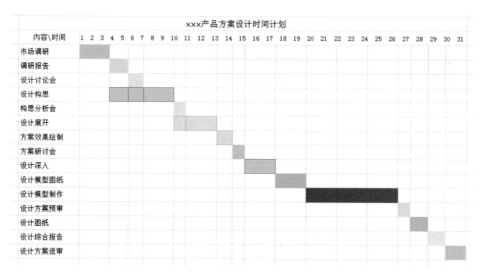

图 7-1　传统设计流程

传统设计流程可分为六大阶段。第一阶段——设计准备：生产企业提出产品的设计要求、设计师接受设计任务并制定项目计划；第二阶段——市场调研：市场调研的目的、市场调研的内容、市场调研的方法；第三阶段——设计定位：创意草图、构思素描、设计效果图；第四阶段——产品设计效果图：手绘效果图、计算机效果图与计算机辅助设计；第五阶段——结构设计：设计中的结构设计与绘制工程图；第六阶段——样机模型制作：样机模型的作用、产品样机模型。

通过上图我们可以看出，设计构思与设计模型的制作过程需要较长的时间和精力，并且不能进行多次的方案实物推敲，只能在图纸与效果图上进行修改，没有对实体的真实感受。如果制作出的模型效果没有达到预期要求的话，只能修改返工，再次制作模型，将会大大提高时间成本，并且会延误产品的研发周期。所以传统的设计模式中，模型制作过程的风险系数较高。

（2）传统设计模式存在的局限性

1）产品结构。

传统的设计过程中，设计师在设计创意草图、构思草图时，不得不考虑产品结构。因为设计出的产品需要工艺的支持，造型同样受到传统工艺的限制。在结构设计的过程中，设计造型时需要更大程度的妥协结构设计，以达到生产的可行性。所以最后选定的方案，很有可能需要大幅度的修改。在修改过程中，设计师想要保证一个较好的造型设计，就需要与结构工程师反复的沟通，才能达到一个良好的最终解决方案。在模型的制作过程中，还存在设计师与模型厂之间不可逾越的鸿沟。虽然设计师已经将设计出的效果图以及工程施工图给了模型厂，但在制作模型的实际过程中还是会出现模型制作人员不能理解设计师设计理念的现象，导致模型制作之后并没有达到设计要求或与设想存在一定的差异。这时就需要设计师与模型厂重新沟通，将出现的问题尽可能地说清楚，然后由模型厂重新制作。这一过程无形中拉长了整个设计周期，导致时间投入和资金投入的增加，给整个设计项目增添了负担。

2）产品形态。

一方面，传统设计模式下的形态大多是由制作工艺所决定的。虽然大多数可以满足功能上的需求，但有些设计会因为制作工艺的实现有困难而进行妥协。这样的设计不但没有满足设计师所追求的功能与形态美的结合需求，往往连最初设计师从形态上考虑的产品特性也没有达到。所以在传统的设计模式下，人们往往很少看到在形态美上独树一帜的产品。

3）产品功能。

设计的核心是产品的功能部分，并且功能是为用户服务的。然而设计师往往在设计过程中没有太多的时间对涉及的目标用户进行深入的了解，这便形成了传统的自上而下的设计方式。传统的设计模式在设计初期是由设计团队来提问题，如产品定位是什么、用户会有什么问题、用户对于功能的需求有哪些、怎样才能更加吸引用户。设计师从一开始对于功能的需求就是一种居高临下的猜想，这种猜想所带来的功能需求很有可能是不真实的。

1.2　3D 打印技术在创意设计中的优势

3D 打印技术给设计带来了全新的设计模式和设计体验，打破了传统设计模式的沟通瓶颈，设计师不再需要与结构工程师进行产品是否能生产的论证，也不再需要思考制作工艺是否能将自己的创意和想法完美实现，更不需要担心批量制作时的成本问题。设计师通过 3D 打印技术将不可思议的想法轻松地展现在世人的面前，将 3D 打印技术运用到极致，带来具有强烈视觉冲击力的作品。

（1）拓展了设计师的想象空间

3D 打印为设计师的设计拓展了想象空间。传统模式下，设计师都是通过自身的努力而独立承担设计任务，但在后工业时代的今天，他们通过构建有效的设计平台，扮演着"设计组织者"这一新的角色。3D 打印就是计算机借助三维软件完成模型塑造，然后以

STL 的文件格式传送到 3D 打印机上，再由 3D 打印机识别到片层截面，最后完成文件的输出打印。这里提及的"截面"是物品的一种表面形态，是依靠多个三角形面模拟设计而成的。三角形面越小，其所打印的物体就愈发精细。因此，设计师就能够更加专注于产品的形态创意和功能创新，并且更加地运用自如，将产品的形态、功能设计得更好。在这个层面上，3D 打印要比传统的个性化创意设计和手板模型制作等方式便捷许多。

（2）缩短了设计到成型的周期

3D 打印技术有效地缩短了从个性化创意设计到成型的整个周期。当今社会不断地发展，消费者的口味也在不断地变化，而 3D 打印技术可以有效地应对市场，帮助企业不断适应消费者欣赏水平的变化，设计师则可以依靠互联网这个广阔的开放性平台实施产品设计，加大"利基产品"的开发与生产，缩短产品的生产周期，从而进入产品经营的长尾时代。需要指出，3D 打印更加适合小规模的生产制造，特别是特殊零部件制造这样的高端定制产品。同时，金属材料势必在未来的发展中取代塑料，被运用到 3D 打印中，成为未来个性化创意设计中重要的技术支撑和材料支撑。

3D 打印领导者 Stratasys 公司对众多不同领域客户在将 3D 打印用于设计流程前后所花费的时间进行了对比，得出以下结论：相比于工业设计领域此前使用的黏土模型，能够节省 96% 的时间；相比于航天航空业此前使用的二维激光切割，能够节省 75% 的时间；相比于汽车业此前使用的铝加工工艺，能够节省 67% 的时间；相比于喷射造型法与数控加工，能够节省 43% 的时间……一次成形、制造快速，省去了传统工艺的多道工序，为产品设计带来便利。

（3）降低了创意设计的成本

个性化创意设计中，3D 打印产品所需的原材料和能源消耗相对要少得多，仅是传统制作的 1/10，无需价格昂贵的模具来完成生产注塑，不仅节约了研发、设计的成本，而且降低了企业因为开模不当所带来的损失和风险。例如：有人很喜爱一款玩具，但在市面上买不到，这时就可以利用 3D 打印技术制作定制模型。可通过在线设计软件在电脑上设计出 3D 样图，自己选择颜色、材质后通过机器打印就可以得到该玩具。对于追求时尚的年轻一族来说，这样一件独一无二的玩具无疑将成为生活中最美好的回忆。

同时，3D 打印可以实现复杂的曲面制造和丰富的造型设计，能为客户提供更多的选择，满足其个性化要求。此外，3D 打印产品还可以通过远程传输，实现异地快捷传送和打印，更加方便迅速，节省了运输成本，避免了资源浪费。3D 打印的问世，对于个性化产品设计而言，不仅是技术的革新，而且是社会价值的体现。它为消费者提供了更多的个性化设计，能够满足更多人的个性化需求以及高层次的追求。

1.3　3D 打印技术影响下设计程序的效率化

（1）设计流程的效率化

在传统设计模式下，设计流程较为繁杂，并且原型制作耗时较长，其原因是在原型制作时无法避免各种问题的出现，这无形中增加了风险系数。3D 打印技术则可以将这种风险系数降到最低。

首先是在创意设计环节，可以将 3D 打印技术作为设计的辅助工具，快速地将设计图纸变为迷你模型，从而使设计师更加直观地感受方案是否可行。如果不可行，则可以马上调整方案。及时验证会更好地优化设计方案，改善设计缺陷，从而尽可能地规避产品开发风险，同时也提高了设计质量。

其次是在模型的制作环节，3D 打印的优势在于，数字模型制作的是什么样子，最终模型就是什么样子。省去了大量的设计师与模型厂之间的沟通成本，只需要将精确的数字模型输入 3D 打印机，3D 打印机就会完整地将数字模型带入现实世界中，误差仅在几毫米，十分精确。实体模型输出的效果等于数字模型的效果，所以在制作模型上 3D 打印技术不但节省了大量的时间成本，而且可以将风险系数降低至接近于零。

3D 打印技术在设计过程中的应用，对于设计流程的影响是巨大的。它不仅可以轻松地解决传统设计模式所存在的时间消耗过多、风险系数较高等问题，而且可以很好地规避传统设计模式中的局限性与潜在的弊端，使设计流程缩短，让设计变得更加高效。

（2）设计周期的加速

一个产品在设计周期中停留时间越长，进入市场的时间就会越长，这意味着企业的潜在利润将越少。在 17% 的产品中，生产一个原型的时间，是缩减产品上市时间的最大阻碍。

产品应该更快速地推向市场这一点是各行各业普遍认可的。因为需要以较短的时间将产品上市，在设计过程中的概念设计阶段，企业需要将决策时间尽量缩短，但有必须保证所做决定的准确性。这些决定将会影响绝大部分的成本因素，如材料的选择、设计的寿命周期、制造技术等。快速成型技术轻松地解决了这一难题，3D 打印技术可以很好地优化设计流程，加快设计的纠错和迭代速度，为企业带来利润的最大化。例如：赛车专业领域中 CSS 级别车队，该公司的工程师与一家 3D 打印公司合作进行发动机改装测试，设计出进气量最合理的发动机进气管部件，而新型发动机进气管模型是由 3D 打印设备制作的高强度光敏树脂的功能原型。3D 打印技术帮助车队研发团队减少了开发时间，最大幅度可达 75%。

一个产品的成功离不开一个绝妙的创意与设计中的重重困难。研究人士指出，除了 3 000 个原始创意，一项成功的创新还需要 125 个小规模设计、4 项大型开发和 1.7 个产品

发布。当企业还在犹豫是否值得对一个产品进行投资时，3D 打印技术能够帮助企业缩短评估时间、提高设计效率、加速设计周期。

1.4 3D 打印技术影响下设计观念的个性化

设计的发展与工业革命所带来的大批量生产方式是密不可分的，并且与手工业生产方式区分开的重要特征就是设计者与生产者的分离。大规模生产使产品价格下降，同时提高了产品质量，满足人们对功能的需求，使人们的生活质量显著提高。这是设计在工业时代的历史使命。工业时代人们对于功能的需求得到了满足，但随着世界经济的逐渐发展，只满足功能需求却遭到了质疑。个性化产品的概念出现，而后出现了许多小批量生产和定制生产的产品。3D 打印技术的出现为这种小批量生产和定制提供了更好的生产形式，并且可以满足各种需求的定制化生产。例如：从人体工程学角度量身定制，针对不同场景可以有不同组合的产品等。

这些可能性将继续推动设计观念进化。从一开始的只解决"物"的功能，到关注"人与物"之间的关系，最后升华为真正"以人为本"的设计。相信当进入 3D 打印技术成熟的时代时，一个产品的生产可以由打印机技术完全实现。每个人都可以设计并生产自己的产品，这给人的错觉仿佛是从大规模工业生产回到了手工业时代。但其本质却大不相同，通过以人为本的设计，消费者可以从中设计并生产那个仅属于自己的、仅满足自己需求的个性化产品。

1.5 3D 打印技术影响下设计师与消费者关系的模糊化

2005 年贝恩咨询为 362 家企业做了一项调查，调查结果显示其中 95% 的企业认为自己关注用户，80% 的企业认为自己向用户提供了优秀的体验，然而这些被调查企业的用户中，只有 8% 的人有同样的感受。

当少数人手中掌握着制造产品所需的重要资产时，就无法改变大批量、少品种的生产方式。传统的设计模式被这种生产方式制约着，传统制造领域的制造商设计师囿于这一设计模式，大大限制了用户多元化需求的扩展。即使有独立的设计公司和设计人员进行各种设计，但在没有制造商愿意使其产品生产出来的情况下，那么这些设计将永远不会被用于人们的日常生活。传统的设计模式是一种自上而下的设计过程，是由设计师去设计，企业去生产。

传统观念里认为只有专业学习设计的人才是设计师，在设计过程中设计师主导着整个设计过程，而那些不具备设计资质的人，如感兴趣的群体或使用者等非业内人士，由于不具备设计及主导能力，只能作为被动的接受者。这种观念对设计师和设计的定义过于表面，导致设计师局限于所谓的专业领域，不具备融会贯通的能力，同时有能力且感兴趣的非业界人才被忽视，难以得到赏识。

3D 打印技术的到来，对于专业设计师来说无疑是革命性的。只要了解计算机控制程序及基本的打印要求，无须了解数百种不同的制造工艺和流程。这在一定程度上降低了设计与制造的门槛，越来越多的用户参与到创意和设计中。一些操作简单、易于上手的设计软件的出现更是极大地帮助了这些用户，因为他们可以用这些辅助软件轻松地将自己的想法表达出来。用户不再需要被动地接受传统模式下的一款设计，而是将自己的创意和设计发挥出来参与其中。用户的需求也不再是单一的、生硬的调查问卷以及售后评价。这种互动的设计模式在如今已经被初步验证。3D 打印技术的发展将设计推到了比任何时候都更加宏观和开放的地位，现代设计将进入无限制、多元融合、充满无限可能并且不断进化的时代。

毫无疑问，设计往往与日常生活紧密相连。当用户成为设计活动的参与者甚至是主导者时，每个用户都将自己的经历或经验转化为一个个奇思妙想的设计创意。可想而知，那将会给我们的生活带来天翻地覆的转变。但如何将这些伴随着 3D 打印技术发展喷薄而出的设计创意进行更好的优化整合呢？

这时，一种全新的网络平台走入人们的视野，这种网络平台使用网络媒介接收到公众所提交的产品设计思路，并将这些设计思路在网站上进行点评和投票。这样每一周从中选择出一个产品并将产品用 3D 打印技术制作出来。并且参与设计过程的用户可以享受 30% 的营业额。我们发现这种全新的设计模式下，设计师与消费者可能是同一个人。换句话说，就是用户参与设计了这个产品。越来越多的用户正在逐渐参与到设计中。这样设计出的产品不但具备更高的用户满意度，并且保证了高质量的生产效率。用户需求和设计紧密地结合在了一起。我们可以预想到，这种设计模式将会随着 3D 打印机成为受众度很高的制造工具时，变得更加完善并持续发展下去，当然那时候 3D 打印机可能就不仅仅是专业设计师的工具了。

1.6　3D 打印时代设计师在观念、能力要求及专业知识架构上的转变

（1）观念的转变

3D 打印使设计不再从属于制造，因此设计师改变原有的设计观念是刻不容缓的。

首先，设计师将从企业的层面剥离，直接面对具有不同个性、不同爱好、不同需求的个人用户。对于设计师来说，直接与用户沟通优劣共存。优势是可以更加直接、全面地了解用户多方面的需求，有助于设计更好地开展。劣势则是不同的用户的需求点是不同的，需要对大量的用户需求进行合理化筛选和整理。如果把控不好则会适得其反。所以，需要设计师从心态上逐渐适应这种转变。

其次，需要设计师管理好自己的设计。设计师要管理自己的设计，就必须从设计细节

上解决模块与个性定制的关系，注重产品与用户的体验和互动，使自己的设计能最大限度地提高社会满意度。

最后，设计的价值体现。在传统的设计观念中，设计只对有需求的企业才有价值。但在新型的设计模式中，设计可以直接面对终端用户，这时设计就有了全新的价值体现。需要设计师重新认识的是，在3D打印时代，用户购买的或许不是产品本身，而是产品的设计。要求设计师不只具有创新观念，还需要有经营设计的理念。

此外，在3D打印技术的支持下，更多的用户参与到设计中，这也给设计师带来了更多的机遇和巨大的挑战。

（2）能力要求的转变

产品销售模式的改变，将设计师直接推向了用户和市场。设计师从这一时刻起需要担任不同角色。设计师的含义将不再那么简单，对于设计师的能力要求也就发生了本质上的变化。设计师除了要具备设计创新能力、沟通能力、实战技术能力，还要具备以下几方面的能力。

首先，要有设计预见能力。以前，设计师通常依附于企业开发产品，根据企业的要求进行设计，设计是一种被动行为，其创新性是非常有限的。随着整体环境发生改变，设计将变为由设计师主导并挖掘，因此设计师必须对新技术、新技术的需求和发展趋势有敏锐的洞察力和远见。

其次，要有一定的经营能力。设计可以直接作为商品销售给用记，设计师可以建立自己的品牌，自己经营管理，成为能创造品牌效应的设计师。

最后，要有项目的可持续服务能力。设计师直接向用户销售设计，就可以对设计物转化成产品、使用、升级和再利用的全过程进行系统思考，提供一套整合的解决方案，而不是仅仅提供一个单一的产品。在这个过程中，设计师可以在不同阶段系统、灵活地提供设计及其延伸服务。

（3）专业知识架构的转变

设计师需要相应的专业知识体系和知识架构。新的专业知识架构主要包括3个方面的内容：

1）设计专业知识。设计师从事产品创新设计的专业知识、工程技术知识、计算机应用知识等。

2）经营管理知识。设计服务品牌的规划和预期目标、经营运作的方式和管理、消费群的构建等。

3）心理学知识，相应的法律、法规意识。与用户建立良好的沟通关系是洞察用户需求所必备的。设计师需要从中获取用户的隐性或显性需求，在沟通时需要运用心理学知识。

除此之外，设计师还需要相关的品牌运作、经营管理、相关法律法规等知识。具备这些知识和能力的设计师才能轻松地驾驭新型模式给其带来的挑战。

2. 应用 3D 打印技术制作产品

2.1　应用 3D 打印技术制作艺术衍生品

从宏观的产品设计的层面来看，3D 打印技术必将改变从工业革命以来所形成的产品设计和制造模式，开启产品设计新纪元。而作为特殊商品的艺术衍生品，3D 打印技术将从设计观念、设计流程、设计细节、设计生态等多个方面产生影响，艺术衍生品会变得更加开放、多元、创新，更加凸显出艺术衍生品个性化的美学特征。与传统工艺相比，3D 打印技术在艺术衍生品方面具有省力、省时、方便修改等优势。

（1）节约制造时间和成本

不需要像传统工艺那样花费大量时间研究与改进工艺，尤其在设计元素较为复杂的情况下，3D 打印更为适用。3D 打印以材料作为基本单位，通过不同材料的叠加形成三维立体实物，因此 3D 打印设备可以单独完成产品从计算机 3D 数据模型到实物生成的过程。

（2）提高艺术衍生品开发的自由度

有些艺术衍生品的细节用传统工艺是很难铸就的，而且流水线生产需要各个不同部门的协调配合才能完成。通过 3D 打印，产品的形体得到了解放，形体不再依附于产品结构，产品设计师甚至消费者可以根据个人爱好和趣味去自由设计外观，更加地突出了 3D 打印个性化的特征。

（3）轻松、快速地开发艺术衍生品

3D 打印和雕塑彼此合作，各有侧重，两者结合起来是发展的一个方向。艺术雕刻可以赋予作品更好的神态或机理纹路，让雕塑更有灵气，而 3D 打印可以快速复制作品。例如：现在大型雕塑的复刻可以通过 3D 打印来实现，减轻了艺术家的劳动量，使其有更多的精力投入创作中去。

东方韵

采用材质：树脂；

尺寸：24.4 cm × 14 cm × 17.5 cm；

图 7-2　3D 打印原型

图 7-3　后期处理（上色）

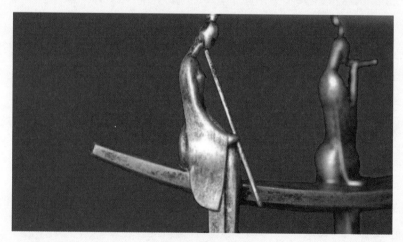

图 7-4　细节展示

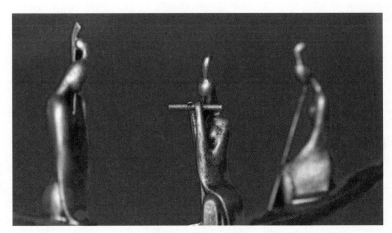

图 7-5　细节展示

备注：此作品来自著名雕塑大师杨柏祥先生。

2.2　3D 打印创意笔筒设计与研发

（1）概念设计

打算做一个 12 cm×10 cm，高 8 cm 的笔筒。开始绘制草图，准备建模。

（2）新建文档

打开 SketchUp，新建基于毫米单位、用于 3D 打印的文档。常用的菜单和工具栏有画矩形、画圆形、画线、推拉、移动、测量及快捷键复制、粘贴、撤销、重做。

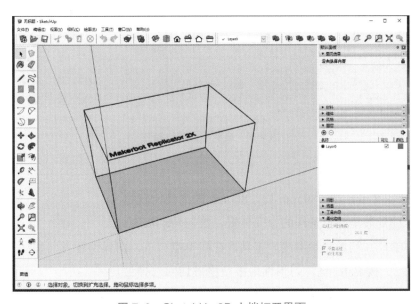

图 7-6　SketchUp 3D 文档打开界面

（3）画矩形

矩形大小为 120 mm×100 mm。用矩形工具，选择原点开始，往里拖，然后放开鼠标，在键盘上输入 120，100。

（4）推拉操作

将画好的这个矩形推高到 2 mm，形成一个板子。推拉操作步骤为：

1）空格键切换到选择工具；

2）选中已画好矩形围成的面；

3）选择推拉工具；

4）往上提；

5）键盘盲打，输入 2，按 Enter 键，习惯性地按空格切回选择工具。

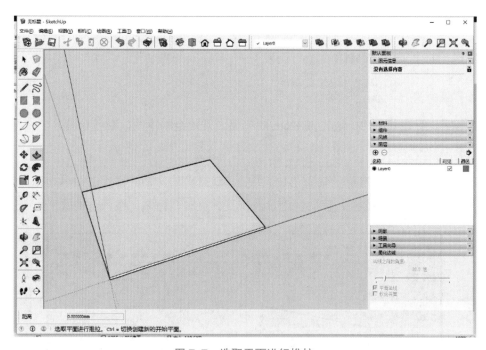

图 7-7　选取平面进行推拉

（5）画后背板

后背板要求 2 mm 厚、80 mm 高，80 mm 的高度比较稳当。

1）鼠标放到最里面一条线的中间位置，滚轮转动放大。

2）选择卷尺（测量和参考线）工具，在线上点一下，向操作者方向移动一定距离。

3）输入 2，按 Enter 键，习惯性地按空格键切回选择工具。

4）画线切割后背板的地基。选择铅笔工具，沿着刚才的参考线两点（交叉点）画线。

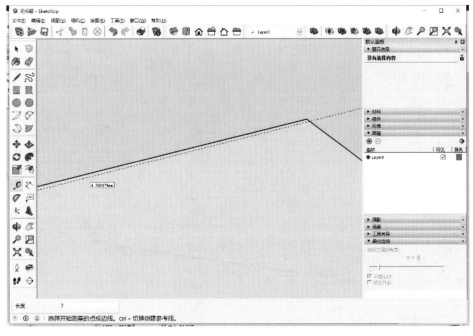

图 7-8　创建参考线

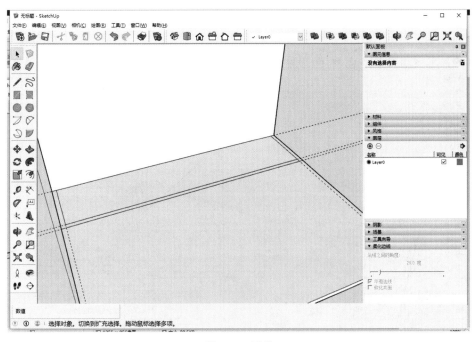

图 7-9　画线

5）画线后，软件会自动将平面切成两部分，然后将最小那部分拉高 80 mm。先选中细长条的面。

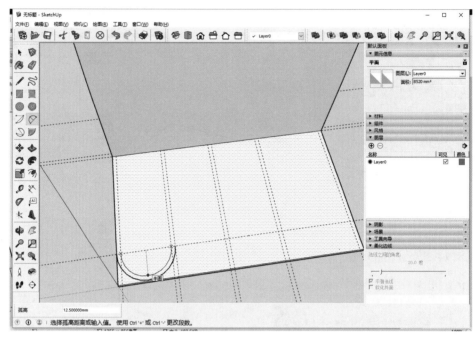

图 7-10　选择弧高距离

6）将面连成一片后推拉起来比较方便且美观。

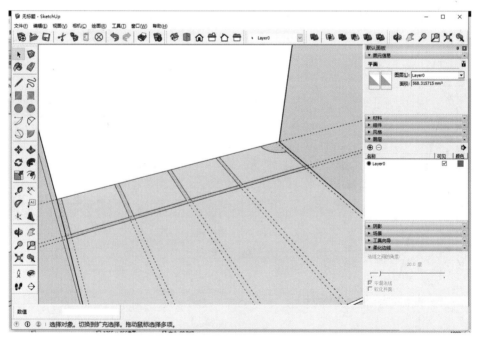

图 7-11　将面连成一片

7）再补充其他细节，获得最终成品效果图。

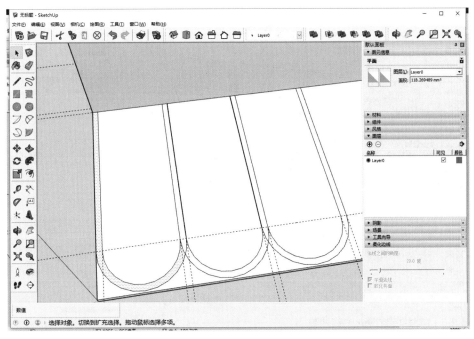

图 7-12 补充细节（1）

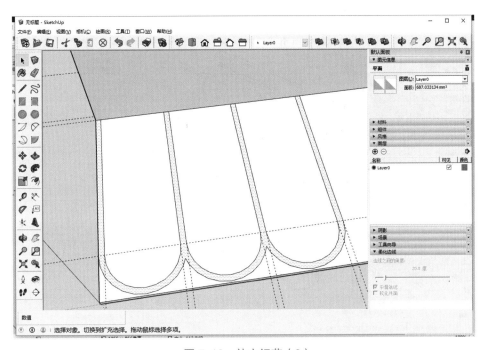

图 7-13 补充细节（2）

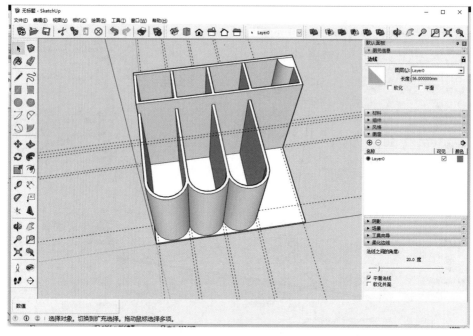

图 7-14　补充细节（3）

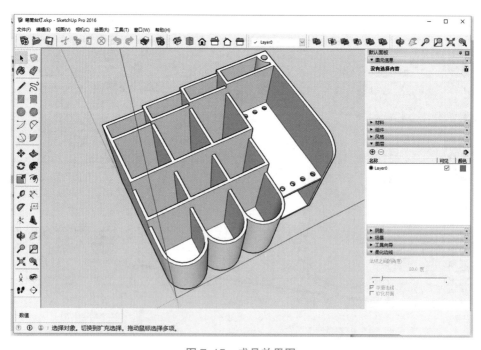

图 7-15　成品效果图

8）导出 STL 文件并在适当位置保存。

（6）运用 3D 打印软件打印

1）在开始菜单或者桌面找到 Cura 15.04.6 图标并打开。该界面简洁明了，蓝色区域有打开图标。点击后，找到导出的 STL 文件。按照以下图片设置参数。

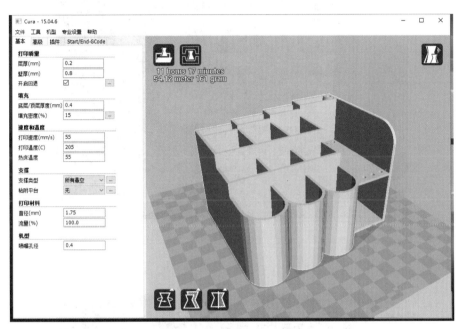

图 7-16　参数设置（1）

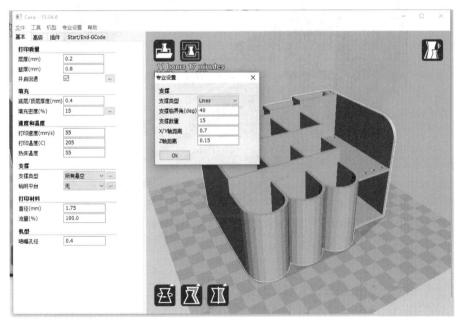

图 7-17　参数设置（2）

2）设置打印机基本参数，冬天可将温度稍微调高一点。选择 0.4 mm 的喷嘴。

图 7-18　3D 打印机的基本参数

然后设置支撑的细节参数。打印完成后，生成 Gcode 文件并保存。

图 7-19　3D 打印机操作

（7）模型后处理

拿铲子将模型铲下来并去掉支撑，最终得到成品。

图 7-20 用铲子铲下模型

图 7-21 借助钳子、一字螺丝刀、刻刀等工具去掉支撑

图 7-22 创意笔筒最终效果

2.3 3D 打印创意花瓶设计与研发

在 3D 打印技术的帮助下，DesignLibero 公司的设计师重新将再循环作为一种艺术形式。该设计师设计的网状雕塑花瓶，可以放置在塑料瓶的顶部，与塑料瓶结合成为颇具创意的花瓶。该花瓶系列包括四种设计：蜘蛛花瓶、弯曲花瓶、蕾丝花瓶和针织花瓶。虽然外观略有不同，但在设计上都有一个相似之处，即一个内颈部的圆角，这样可以将它们拧到有瓶盖的塑料瓶上。每个花瓶都是一种艺术解决方案，以避免丢弃有害塑料。

设计公司指出，重新使用塑料瓶并将其转化为设计对象，可以成为环保生活方式的第一步。这些有想象力的设计体现了环境可持续发展的小而强大的一步，是创造性设计的重大一步。

图 7-23 3D 打印装饰花瓶

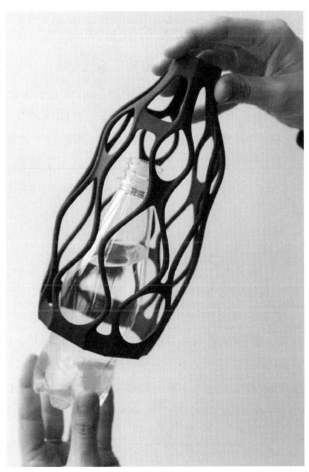

图 7-24　3D 打印装饰花瓶

2.4　3D 打印艺术灯具设计与研发

（1）传统灯具设计教学模式遇到的瓶颈

灯具具有几千年历史。从古至今，其具有深厚的文化底蕴，这为灯具设计人员提供了众多的设计素材。当前国内灯具方面设计一般涉及工业领域以及教育领域。在教育领域中，教师一般在教授灯具方面设计理念之后，由学生自由进行灯具设计，最终将这种设计制成成品。以往进行的灯具设计，如果不是最后看到成品，很难理解灯具具体的设计理念。从设计、绘图到制造具有相当长的周期。现阶段，传统灯具设计已不能适应现代化科技的发展，单一的灯具早已无法满足现代人们的需求。传统的灯具设计模式已不能为人们提供所需求的教学环境与基础。

（2）灯具设计教学中 3D 打印的应用优势

3D 打印在灯具教学中的应用，能提高学生的技术水平，开拓学生的想象空间，提升学生的思维能力。3D 打印依靠的是三维制造软件，通过与电脑直接连接，可以对电脑中的三维图形直接制造。3D 打印可以在打印过程中对方案随时修改，使最终物体具有更强的交互性。3D 打印摒弃了传统制图方式的弊端，通过电脑与集成系统相融合，不需要添加额外的磨具，就可以将电脑中三维图像直接打印出来，这样就降低了企业的生产成本。3D 打印完全由电脑以及制造系统自动完成，因此 3D 打印是工业生产方面的一个重大变革。3D 打印是一个理念上的颠覆，其将产品与生产线直接分离开来，从创意直接到成型，只需要简单几步就可以完成。例如：设计师在电脑中设计一个三维灯罩，可以直接将电脑与打印机相连接，将其制造出来。如今在灯具设计方面的教学之中，学校已经逐渐引入三维软件辅助教学，这使教学更为灵活。

（3）3D 打印在灯具设计方面教学之中的应用方式

将 3D 打印引进灯具设计教学中是教学方式的一项创新之举。教师可以通过引导学生的兴趣完成课堂规定的教学内容，从而营造课堂整体氛围。3D 打印在教学之中的引入打破了以往学生被动接受教育的形式，使学生对 3D 打印这项新技术进行主动探索，教师可以利用这一点有效展开课堂教学。例如：教师在课堂上可以增加适当的实验环节，现场制作灯具。教师根据成品可以对学生的设计加以评价。相比于从前的单一图纸设计，3D 打印为学生增加了实践机会，学生在课余时间可以进行设计，利用 3D 打印机将其制作出来，增强学生的灯具设计能力。

（4）灯具设计与 3D 打印案例

案例 7-2

龙蛋壁灯

美国艺术家皮尔斯根据《冰与火之歌》小说使用 3D 打印技术制作了几款漂亮的龙蛋壁灯。它们发出深红色或亮白色的光，就像小说里那些初生的龙所喷出的火焰。

在制作过程中，设计师结合使用了传统手段（如熔模法、车床）和 3D 打印，这为他节省了许多时间和成本。他先用车床制作了一个木制的葫芦形状样品，然后对其扫描建模，并将其 3D 打印出来。3D 打印件被设计为中空形式，这样设计师就不用花精力将葫芦挖空，从而有更多的时间来进行精细的雕刻。

图 7-25　龙蛋壁灯

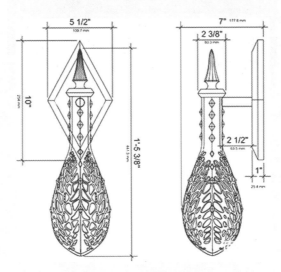

图 7-26　龙蛋壁灯尺寸

 案例 7-3

炫彩蘑菇灯

图 7-27　炫彩蘑菇灯设计

美观又实用的炫彩蘑菇灯，完全通过结构进行固定。打印时间超过 30 个小时，直径 152 mm，高度 160 mm，重约 250 g，可 USB 供电。

图 7-28　3D 打印炫彩蘑菇灯实物

 案例 7-4

动物头照明灯

美国艺术家林林和皮埃尔·伊夫斯将 3D 打印艺术与最新的"动物花边"相结合。用白色油漆将打印出的动物头像上色使其增加光洁度，结合内部的照明光束，使灯具更具艺术感和优雅柔和的效果。位于动物头部紧凑的照明系统可作为双重光源。

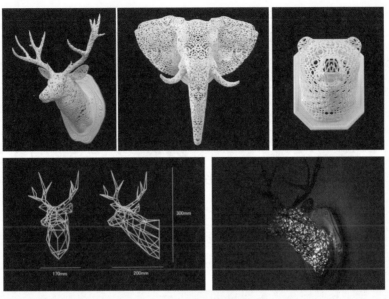

图 7-29 动物头照明灯

玻璃材质灯具

3D 打印的玻璃材质灯具美丽又梦幻，这是麻省理工学院的研究团队通过 G3DP 项目制造出的一系列美轮美奂的玻璃灯具。

图 7-30　3D 打印玻璃材质灯具

案例 7-6

城市天际灯

设计师大卫·格拉斯的灯罩"Huddle"设计仿佛拥挤的都市风景，高高的建筑物紧贴在一起。该灯的设计无须内部结构，3D 打印一次性已经将内部结构打印成型，只需直接安装 LED 灯泡即可使用。

图 7-31　3D 打印城市天际灯

2.5　3D 打印智能家电产品研发的项目实践

采用项目教学法，此次项目给学生定的主题为"智能家电产品"，要求学生围绕这一主题来进行产品设计和开发，并最终完成设计产品的 3D 打印工作，实现产品的模型化呈现。在设计构思过程中，要尽可能充分横向扩展思维，可以暂时抛开形态上的思维限制，同时尽可能深入地纵向探索。由于最终是运用 3D 快速成型技术实现模型制作，形态的思维发散上可以少考虑后期的加工工艺方面，尽可能从设计的本源来考虑。

（1）智能家电概况

用户交互、粉丝经济、大数据分析等互联网思维正在席卷家电业。有行业分析师预测，到 2020 年智能家电的生态产值将从之前的 50 亿元飙升至 1 万亿元，智能终端将增至8 000 亿元的市场规模，更有望实现 10 年 20 倍的几何式增长。智能家电要落地，实现大规模应用，一看价格是否为大众接受；二看用户体验是否足够好，让用户愿意为智能功能买单。

随着网络技术和通信技术的快速发展和广泛运用，物联网技术被越来越多的人所接受，其在人们的日常生活中日益普及，智能家电的覆盖面和产业规模也在不断壮大。市面上常见的智能家电主要有：常规市场，包括智能家居、智能电视、智能空调、智能洗衣机、智能电饭煲、智能吸尘器等；新晋市场，包括智能辅教产品、智能母婴产品等。只要是家电，通过现有的物联网技术，就基本上都可以实现智能操控。

智能家电的基本特点是网络化和智能化的功能，可能同时兼有易用性、节能性、智能语音等。现在智能家电的发展趋势与智能手机的联系越来越密切，手机 App 和各色家电越来越以一个系统出现在人们的视线和生活内。

智能家电在商业模式上有无限的想象空间。鉴于用户数据的巨大价值，即使家电企业硬件产品微利，甚至不赚钱，也可以通过数据运营创造新价值。例如：将用户冰箱缺什么菜、多长时间买一次的信息分享给超市。但在智能家电仍处于"信息孤岛"的情况下，可谓"智能易得、数据难求"，未来的路还很长。

对于未来智能家电的产品演变，《中国智能家电行业市场调研与投资预测分析报告》数据分析，物联网在家电行业的应用有着较好的用户基础，用户认识度比较高，智能家电产品将得到厂商的大力研发。相信随着我国电子信息技术的不断发展，智能家电和智能住宅的内涵将不断发生变化，智能家电的市场前景将广泛看好。有专家预测，未来家电发展将以智能化为趋势，实现"人机对话、智能控制、自动运行"，对现有家庭的日常生活带来巨大冲击，也将会全面改写家电市场现状和行业格局。信息设备的互联互通是未来家电智能化的必然趋势。

（2）智能产品设计

1）产品设计的智能化特征。

产品的物质功能是由使用者的物质性需求决定的，同时受到技术的制约。以往产品具有安全性、可靠性、经济性、便捷性、舒适性和协调性等特征，信息时代的产品还有一些新的数字特征：

①智能性。指产品自己会"思考"，会做出正确判断并执行任务。例如：伊莱克斯智能吸尘器三叶虫，每天在无人指挥的情况下，自动完成清洁任务，如果感觉电力不足，三叶虫会自动前往充电，充完电后还会沿着原来的路线，继续完成未结束的清扫工作。再如：智能冰箱能根据商品的条形码来识别食品，提醒用户每天所需食用的食品，甚至提示营养搭配是否合适、商品是否快过保质期。如果缺少了一些物品，它会自动到超市网站订购商品等。

图 7-32　智能产品

②网络性。指产品可以随时与人通过网络保持联系。这种联系超越空间的限制，人们可以随时随地控制产品，产品之间也是互相联系的。西门子公司已经成功研制出能与互联网连接的家用电器，如冰箱、电炉、洗碗机、洗衣机以及洁具。这种冰箱可以通过网上超市自动订购商品；电炉可以从网上获取菜谱，帮助准备菜肴，一旦出现故障，它还能自动呼叫维修服务；洗碗机可以根据清洗的数量，让厂家提供最佳的清洗程序；洗衣机可以与电炉和洗碗机相互联络，谁最紧迫、谁就先用电等。

图 7-33　互联网引领智能生活

③沟通性。指产品与人的主动的交流，形成互动。这种互动是积极的，一方面产品接受人的指令，并做出判断；另一方面，产品可以觉察人的情绪的变化，主动和人沟通。例如：未来的洁具可以随时化验用户的排泄物，并将化验数据传送给家庭的保健大夫；电脑会在适当的时候提示用户的健康状况，提供休息娱乐方案；宠物会觉察主人的情绪，根据判断用不同的沟通方式取悦主人。

图 7-34　产品的互动性

2）未来的产品智能化设计。

计算机和网络技术对人类的影响才刚刚开始，未来会有更加广阔和深入的应用，将渗透到人们生活的每个细节。无论是基本吃穿住行，还是学习娱乐都会发生革命性的变化。在未来的某一天，当你早晨起来，机器人管家已经做好了可口和营养丰富的早餐；你可以在舒适的家里办公，甚至在度假的时候也可以召开全球会议；当你想驱车去某个目的地，电脑秘书会告诉你哪条路最近，路面交通状况如何，而且替你驾驶，比你自己驾驶得更熟练；当你开心的时候，你可以和家里的每一样产品对话，"她"会分享你的快乐；当你沮丧的时候，你的电子朋友会觉察到你的情绪，并给你适当的安慰和鼓励。

未来产品将显示出更多的数字特征，产品的智能化的程度更高，会根据情景判断做出不同的选择。网络系统将更加有利于人的生活，家庭生活网络系统会让家电更加和谐地工作，社会网络系统让工作和娱乐的界限模糊。产品网络化扩展的趋势越来越快，由单体变为系统，由线状变为网状，由封闭变为开放。

3）智能产品设计师三大理念（以智能马桶为例）。

外观人性化设计：设计师使用三维绘图软件先进行三维建模，经过设计合理化论证之后，外形用工业油泥造型，与人体接触部位利用快速成型制作多个人机测试模型，以获得与人体曲线最佳吻合曲面，再将各个造型产品组装论证，最终使产品从外观的时尚性和人体舒适程度达到最高要求。

细节差异化设计：在产品的功能差异化设计上充分体现设计师对产品的感知度，在使用产品洗净身体部位时可配合短距离前后移动获得相对集中的洗净效果。

安全设计：设计师充分考虑到对于卫浴产品而言安全的重要性，采用了高性能微处理

芯片，使产品在任何情况下都能够实现自我诊断，并能够通过声光一体化报警，更是在二代产品上采用语音报警使产品真正地做到了全智能化，使用户在使用产品时充分享受高科技带来的生活乐趣。

2.6　智能空气净化器的设计案例

 案例 7-7

空气净化器

该空气净化器外观上为圆柱形，侧面为金属设计。技术上智能除菌，配色上白色和金色相呼应，给人以简单大方、舒适的印象，提供了健康的生活环境。

模型建立完成后，进入 3D 创意设计实训室。首先进行模型的完善和确认。模型确认没问题后，用尼龙烧结快速成型，这款空气净化器模型就打印完毕了。

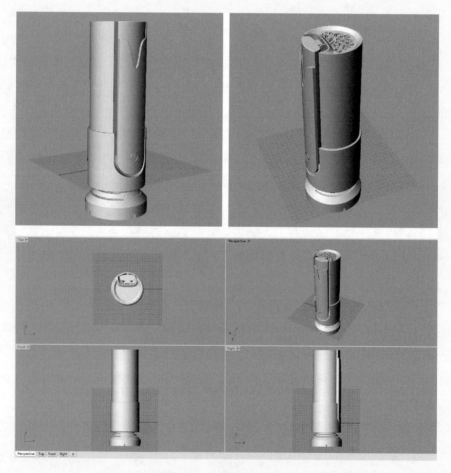

图 7-35　空气净化器设计

图 7-36　空气净化器设计实物模型

注：设计者顾玲燕。

 案例 7-8

艺术空气净化器

区别于常规空气净化器的单一功能，艺术空气净化器加入了空气净化器所没有的光照效果。在造型上，与常规的空气净化器有着较大的区别，更像一个工艺品。上半部分的树枝为半透明，可以使整个树枝部分发光。下半部分作为一个空气净化器，没有过多的按钮，操作简单。配色上没有过多的颜色，整体为纯白色，简洁大方。艺术空气净化器正面的两个按钮，小的圆形按钮是灯具开关，大的是空气净化器的开关。

图 7-37　艺术空气净化器设计

模型建立完成后，进入 3D 创意设计实训室，首先进行模型的完善和确认。模型确认没问题，用尼龙烧结快速成型，这款艺术空气净化器模型就打印完毕了。

图 7-38　艺术空气净化器实物模型细节

注：设计者胡冲。

2.7　智能加湿器的设计案例

 案例 7-9

山水加湿器

此款加湿器以山水文化为基础和原型来设计。山水，是人类的安身立命之所，构成生态环境的基础，为人们提供了生活资源；山水，又是人们实践的主要对象。山水文化作为人类特有的创造，是人与自然环境交互作用的结晶。

模型建立完成后，进入 3D 创意设计实训室，首先进行模型的完善和确认。模型确认没问题，用尼龙烧结快速成型，这款山水加湿器模型就打印完毕了。

图 7-39　山水加湿器设计

注：设计者吴佳豪。

案例 7-10

便携式多功能加湿器

消费人群定位：年轻消费者。

市场定位：目前市场上家用大型加湿器比较多，本设计考虑是人们随时随地都能使用加湿器；出门放入包包即可，不需要占很大空间。

造型定位：方便手拿的造型，简约有趣味。

结构定位：加湿器由水箱、主题、喷头、开关组成。

功能定位：有加湿补水、检测皮肤、LED 感应灯、蓝牙连接等功能，满足多功能的设计理念。

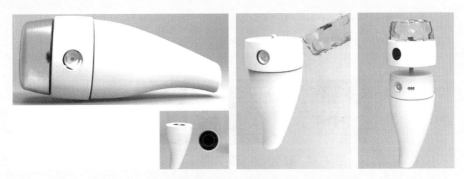

图 7-40　便携式多功能加湿器（三维模型）

187

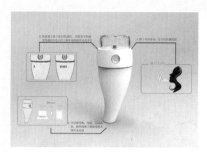

产品细节介绍

图 7-41 便携式多功能加湿器（产品细节介绍）

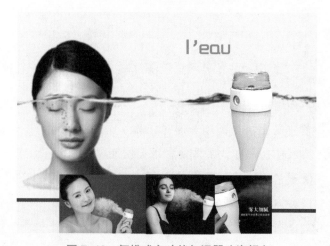

图 7-42 便携式多功能加湿器（海报）

色彩方案

图 7-43 便携式多功能加湿器（色彩方案）

注：设计者童恋菲。

　　3D 打印与产品创新设计课程的学习，使学生深刻理解了产品形态的设计，同时，通过一个完整项目的设计、实施，认识并深化了整个设计流程，基本掌握了 3D 打印技术的应用。

模块八　3D打印的就业岗位

模块导入

　　随着我国 3D 打印应用市场的逐渐拓展，市场需求不断释放，越来越多的企业愿意投入更多的资金和人力从事 3D 打印的相关研发工作，也有很多的 3D 打印企业在政策的扶持下得到孵化。与 3D 打印产业发展相比，3D 打印专业人才的培养尚处于萌芽状态，整个行业人才缺口巨大，无法提供强有力的人才支撑。

学习目标

◆　了解 3D 打印的相关工作岗位以及岗位相应的工作内容
◆　了解 3D 打印从业人员应具备的职业素养
◆　了解产品创新专利与知识产权的相关法规以及标准
◆　能够做好自己的职业生涯规划

1. 3D 打印岗位概述

人力资源和社会保障部在《关于做好 2016 年技工院校招生工作的通知》中提出，将 3D 打印技术应用列为技工院校新增专业，此举意义重大，将为 3D 打印普及提供人才上的支持，为我国成为创新型大国提供人才。

（1）我国 3D 打印行业情况

自 2011 年以来，我国 3D 产业进入了高速发展期。2012 年的市场规模尚不足 10 亿元，而到 2014 年就已超过 40 亿元，增长幅度远远领先于其他国家。从市场规模和发展阶段来看，我国 3D 打印尚处于产业发展的初级阶段，但是市场潜力巨大。据世界 3D 打印技术产业协会最新的调研报告估测，2014—2018 年我国 3D 打印产业的市场规模年均复合增长率将高达 43.4%，到 2018 年市场规模有望突破 200 亿元，届时我国或将取代美国成为全球最大的 3D 打印市场。

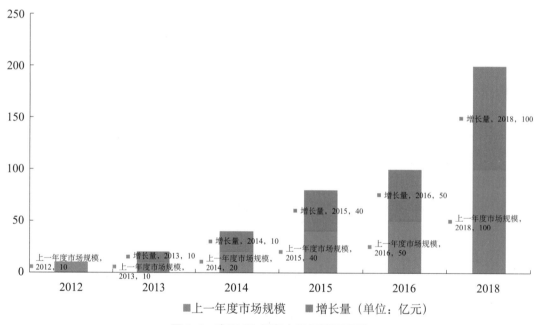

图 8-1 我国 3D 打印市场规模及预测

资料来源：世界 3D 打印技术产业协会。

（2）《沃勒斯报告 2016》——全球 3D 打印行业风向标

增材制造领域知名的市场咨询公司沃勒斯发布了《沃勒斯报告 2016》。该报告指出，2015 年，全球增材制造和 3D 打印市场销售额达到 51.65 亿美元，与 2014 年相比增长了 10 亿美元，增长率达到 25.9%。

（3）3D 打印技术对中国制造业的冲击

2015 年 8 月 21 日，李克强总理主持国务院专题讲座，西安交通大学卢秉恒院士做先进制造与 3D 打印的报告，李克强在听取报告介绍后做了重要讲话。他说，新一轮科技革命和产业变革正在世界范围内孕育兴起，各国纷纷抢占未来产业制高点，发达国家加紧实施"再工业化"，我国产业转型、提质增效迫在眉睫。当前要顶住经济下行压力实现稳增长，也必须在着力扩大需求的同时，通过优化产业结构有效改善供给，释放新的发展动能。制造业作为国民经济的重要支柱产业，必须抓住机遇，以向智能制造转型为关键，以大众创业、万众创新为依托，走在升级发展前列，加快增材制造等前沿技术与装备的研发。

（4）3D 打印行业人才现状

由于 3D 打印行业的快速发展和广阔的市场前景，相应的企业对 3D 打印专业人才的需求也越来越旺盛。目前，我国 3D 打印行业的专业人才缺口较大，制造行业对 3D 应用人才需求最大，且需求还在不断攀升。行业从业人员主要来自各技工院校、职业院校的相关专业毕业生、相近行业的从业人员转行。行业从业人员的 3D 打印专业技能缺乏且需要经过入职企业的再培训。全国机械职业教育教学指导委员会提供了最新制造业人才供需指数报告，从事增材制造专业的职位有部分供需两旺，但整体人才供给明显不足，特别是有工作经验的中高级人才匮乏。

2. 3D 打印从业人员的职业素养

3D 打印部分岗位需求现状占比如下：

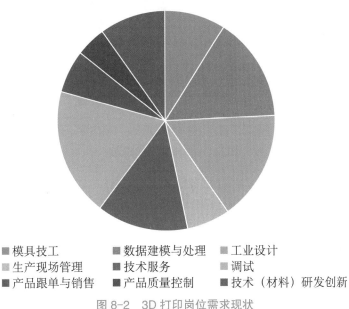

图 8-2　3D 打印岗位需求现状

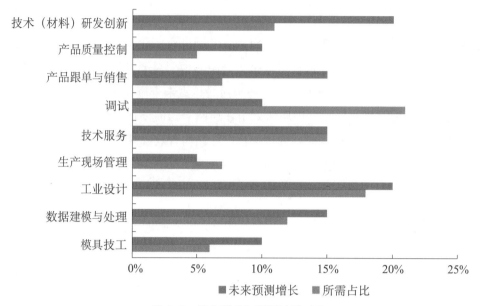

图 8-3　行业现状与预测统计对比

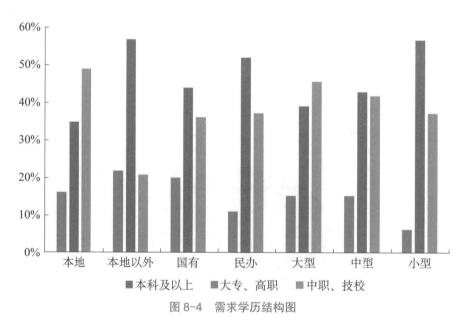

图 8-4　需求学历结构图

各类院校应以数字化设计与制造能力作为指引目标，面向制造业、3D 打印服务业，培养德、智、体、美全面发展的人才。

3D 打印从业人员的职业素养如下：

掌握 3D 建模与 3D 打印的知识与技能，具备 3D 打印技术应用能力，能从事 3D 产品设计、3D 测量与逆向造型、3D 打印设备操作、维护及生产制造管理等工作；

能够主动适应企业转型升级对新技术、新工艺的要求，培养掌握产品数字化设计与先

进制造技术的实际操作能力;

有一定的自我学习、自我发展能力、创新能力,具有良好的职业素质,具有团队协作能力和创新意识的高素质、高技能的综合性技能应用型人才。

3. 标准与产品专利

在产品开发背景中,知识产权是指受法律保护的与新产品相关的想法、概念、名称、设计和工艺等。专利是政府向发明人授予的暂时独占权,以排除他人使用该发明。在产品设计前期,需要通过研究先前的专利文献,调查该类产品是否有受保护的设计方案或设计概念,从而在创新设计中予以避免。同时,专利检索也可以使设计团队成员了解与将设计产品相关的新颖的技术专利,在设计时拓宽视野。

（1）标准

1）国家标准:需要在全国范围内统一的技术要求。国家标准代号为 GB 和 GB/T,其含义分别为强制性国家标准和推荐性国家标准。

2）行业标准:没有国家标准又需要在全国某个行业范围内统一的技术要求。部分行业的行业标准代号如下:汽车 QC、电子 SJ、机械 JB、轻工 QB、包装 BB。推荐性行业标准在行业代号后加"/T",如"JB/T"即为机械行业推荐性标准,不加"T"为强制性标准。

3）地方标准:对没有国家标准和行业标准而又需要在省、自治区、直辖市范围内统一的要求,可以制定地方标准。

4）企业标准:是对企业范围内需要协调、统一的技术要求、管理要求和工作要求所制定的标准。企业产品标准其要求不得低于相应的国家标准或行业标准的要求。

（2）产品专利

1）发明专利。我国《专利法》对发明的定义是:"发明,是指对产品、方法或者其改进所提出的新的技术方案。"发明专利并不要求它是经过实践证明可以直接应用于工业生产的技术成果,它可以是一项解决技术问题的方案或是一种构思,具有在工业上应用的可能性。

2）实用新型专利。我国《专利法》对实用新型的定义是"实用新型,是指对产品的形状、构造或者其结合所提出的适于实用的新的技术方案。"实用新型专利保护的范围较窄,它只保护有一定形状或结构的新产品,不保护方法以及没有固定形状的物质,并且更注重实用性,其技术水平较发明而言,要低一些。多数国家实用新型专利保护的都是比较简单的、改进性的技术发明,可以称为"小发明"。

3）外观设计专利。我国《专利法》对外观设计的定义是:"外观设计,是指对产品的形状、图案或其结合以及色彩与形状、图案的结合所做出的富有美感并适于工业应用的新设计。"授予专利权的外观设计，应当不属于现有设计；也没有任何单位或者个人就同样的外观设计在申请日以前向国务院专利行政部门提出过申请，并记载在申请日以后公告的专利文件中。

参考文献

［1］汪文娟.3D 打印技术背景下社会化设计研究［D］.华东理工大学，2014.

［2］王忠宏，李扬帆，张曼茵.中国 3D 打印产业的现状及发展思路［J］.经济纵横，2013（1）.

［3］于灏.“中国制造 2025”下的 3D 打印［J］.新材料产业，2015（7）.

［4］吴怀宇.3D 打印：三维智能数字化创造［M］.北京：电子工业出版社，2014.

［5］韩霞.快速成型技术与应用［M］.北京：机械工业出版社，2012.

［6］卢秉恒，李涤尘.增材制造（3D 打印）技术发展［J］.机械制造与自动化.2013（4）.

［7］韩荣雷.创客时代：智慧教育中的创新应用研究［A］.第十三届沈阳科学学术年会论文集（经管社科）［C］，2016.

［8］祁娜，张珣.3D 打印技术在产品设计领域应用综述［A］.工业设计研究（第五辑）［C］，2017.

［9］［英］克里斯多夫·鲍乃德.3D 打印正在到来的工业革命［M］.韩颖，赵俐译.北京：人民邮电出版社，2014.

［10］祝智庭，雒亮.从创客运动到创客教育：培植众创文化［J］.电化教育研究，2015（7）.

信息反馈表

尊敬的老师:

　　您好! 为了更好地为您的教学、科研服务, 我们希望通过这张反馈表来获取您更多的建议和意见, 以进一步完善我们的工作。

　　请您填好下表后以电子邮件、信件或传真的形式反馈给我们, 十分感谢!

一、您使用的我社教材情况

您使用的我社教材名称			
您所讲授的课程		学生人数	
您希望获得哪些相关教学资源			
您对本书有哪些建议			

二、您目前使用的教材及计划编写的教材

	书名	作者	出版社
您目前使用的教材			
	书名	预计交稿时间	本校开课学生数量
您计划编写的教材			

三、请留下您的联系方式, 以便我们为您赠送样书 (限1本)

您的通信地址			
您的姓名		联系电话	
电子邮箱 (必填)			

我们的联系方式:

地　址: 苏州工业园区仁爱路158号中国人民大学苏州校区修远楼

电　话: 0512-68839320　　　　　传　真: 0512-68839316

E-mail: huadong@crup.com.cn　　邮　编: 215123

网　址: www.crup.com.cn